arrows We2の基本技

Chapter
1

Section 001

OS・Hardware

arrows We2について

FCNT製のarrows We2はNTTドコモ、au、UQモバイル、IIJmioの各社から販売されている、ミドルクラスのスマートフォンです。各社のWebサイトからは、回線契約をせずに端末（白ロム）のみを購入することもできます（購入方法は、各社のWebサイトを確認してください）。本書の解説ではau版のarrows We2を使用しており、NTTドコモ版を除いた各社に対応しています。

各社から発売されているarrows We2は基本的な機能と操作方法は共通ですが、各社の独自のアプリがインストールされている、独自のサービスに対応しているなど、一部の仕様が異なる場合があります。本書では各社の独自仕様については解説していませんので、ご了承ください。

https://www.au.com/mobile/product/smartphone/arrows_we2/

arrows We2は各社から販売されています。

Section 002

arrows We2の特徴

OS・Hardware

arrows We2に内蔵されている4,500mAhの大容量バッテリーは、Qnovo社と共同開発した独自技術により劣化を抑え、4年後でも初期容量の80%を維持できます。前面には約5,010万画素の広角カメラを備え、光感度を4倍に高めるクアッドピクセル技術やSuper Night Shot機能により、暗いシーンでも明るく美しい撮影が可能です。また、IPX5／IPX8の防水機能、IP6Xの防塵機能を備えるほか、ハンドソープでの丸洗いやアルコール消毒に対応するなど、衛生面にも配慮した設計です。

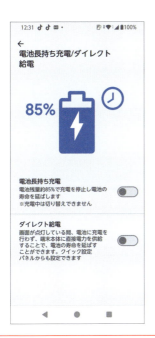

容量4,500mAhのバッテリーの寿命を延ばすため、「電池長持ち充電」や「ダイレクト給電」などの機能を備えています。バッテリーの残量が少なくなったときに節電する「バッテリーセーバー」機能もあります。

最新のレンズ（F値1.8）とクアッドピクセル技術により、薄暗い場所でも鮮やかな写真撮影が可能です。オートでの撮影のほか、マニュアル撮影にも対応しています。

Section 003

各部名称を確認する

OS・Hardware

arrows We2本体の各部名称を確認しておきましょう。なお、名称はau版arrows We2の記載内容をもとにしています。

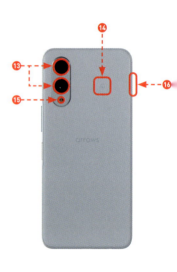

❶	受話口	❾	イヤホンマイク端子
❷	インカメラ	❿	送話口／マイク
❸	セカンドマイク	⓫	USB Type-C接続端子
❹	明るさ／近接センサー	⓬	スピーカー
❺	音量大キー	⓭	アウトカメラ
❻	音量小キー	⓮	Felicaマーク
❼	電源キー／指紋センサー	⓯	フラッシュ／ライト
❽	ディスプレイ（タッチパネル）	⓰	microSDメモリカード／SIMカード挿入口

Section 004

電源を入れる

OS・Hardware

arrows We2の電源をオンにしてみましょう。購入したばかりの状態では、先に充電が必要な場合があります。なお、初めて電源をオンにした場合、初期設定画面が表示されますが、ここでは解説を省略しています。

1 電源キーを2秒以上長押しします。

長押しする

2 ロゴが表示されます。電源キーから指を離します。

3 ロック画面が表示されます。画面を上方向にスワイプします。

スワイプする

4 ホーム画面が表示されます。

Section 005

ロック画面とスリープ状態

OS・Hardware

arroes We2の画面点灯中に電源キーを押すと、画面が消灯してスリープ状態になります。スリープ状態で電源キーを押すと、画面が点灯してロック画面が表示されます。ロック画面を上下左右にスワイプするか、暗証番号や生体認証を設定している場合は解除操作を行うと、ホーム画面が表示されます。

ロック画面には、時刻、通知、「カメラ」アプリの起動ショートカットが表示されます。通知をロック画面に表示しないようにすることもできます。

スリープ状態では、画面は消灯しています。

> **MEMO 画面が消灯するまでの時間を設定する**
>
> arroes We2を操作せずに指定した時間が経過すると、自動的に画面が消灯してスリープ状態に移行します。スリープになる時間は、アプリ画面で［設定］をタップして設定メニューを起動し、［ディスプレイ］→［画面のタイムアウト］の順にタップすることで、15秒〜10分の時間を選択できます。

Section 006

タッチパネルの使いかた

OS・Hardware

arroes We2のディスプレイはタッチパネルになっており、指で触れることでさまざまな操作を行います。ここでは、タッチパネルの基本操作を確認します。

タップ／ダブルタップ

タッチパネルに軽く触れてすぐに指を離すことを「タップ」といいます。同じ位置を2回連続でタップすることを、「ダブルタップ」といいます。

ロングタッチ

アイコンやメニューなどに長く触れた状態を保つことを「ロングタッチ」といいます。

ピンチアウト／ピンチイン

2本の指をタッチパネルに触れたまま指を開くことを「ピンチアウト」、閉じることを「ピンチイン」といいます。

スライド

画面内に表示しきれない場合など、タッチパネルに軽く触れたまま特定の方向へなぞることを「スライド」といいます。

スワイプ（フリック）

タッチパネル上を指ではらうように操作することを「スワイプ」といいます。

ドラッグ

アイコンやバーに触れたまま、特定の位置までなぞって指を離すことを「ドラッグ」といいます。

13

Section 007

ホーム画面の見かた

ホーム画面には、ステータスバーやドックなどで構成され、アプリやフォルダ、ウィジェットが配置されています。まずは、ホーム画面の各部を確認しましょう。

ステータスバー
状態を表示するステータスアイコンや、通知アイコンが表示されます。

クイック検索ボックス
タップすると、アプリなどを検索したり、入力した語句を「Google」アプリで検索したりできます

ウィジェット
アプリが取得した情報の表示や、設定の切り替えができます。

アプリアイコンとフォルダ
タップするとアプリが起動したり、フォルダの中身が表示されたりします。

ナビゲーションバー
操作するボタンが表示されます。

ドック
タップすると、アプリが起動します。なお、この場所に表示されているアイコンは、すべてのホーム画面に表示されます。

Section 008

ホーム画面を切り替える

OS・Hardware

ホーム画面を左右にスワイプすると、となりのホーム画面に切り替えることができます。どのホーム画面に切り替えても、ドックのアイコンは表示されます。

1 ホーム画面を左方向にスワイプします。

2 1つ右のホーム画面に切り替わります。右方向にスワイプします。

3 手順1のホーム画面に戻ります。画面を右方向にスワイプします。

4 本体の活用法やライフスタイルなどに関する情報が表示されます。

Section 009

ナビゲーションバーの使いかた

OS・Hardware

arrows We2の画面下部に表示されているナビゲーションバーには3つのボタンがあり、ボタンをタップすることで画面を操作できます。ここでは、ナビゲーションバーのボタンの役割を確認しましょう。

戻るボタン
ホームボタン
履歴ボタン

MEMO ジェスチャーナビゲーションを利用する

ボタン操作の代わりに、ジェスチャーナビゲーションを利用することもできます。設定メニューを起動し、[ユーザー補助] → [システム操作] → [ナビゲーションモード] の順でタップし、[ジェスチャーナビゲーション] をタップしてオンにします。ホーム画面の最下部にバーのみが表示されて、画面を広く使えるようになります。

ナビゲーションバーのアイコン	
戻るボタン◀	1つ前の画面に戻ります。
ホームボタン●	ホーム画面が表示されます。一番左のホーム画面以外を表示している場合は、一番左の画面に戻ります。ロングタッチでGoogleアシスタント（Sec.71参照）が起動します。
履歴ボタン■	最近操作したアプリのリストがサムネイル画面で表示されます（Sec.011参照）。

Section 010

アプリを利用する

OS・Hardware

本体にインストールされているアプリは、ホーム画面やアプリ画面に表示されます。アプリを起動するときは、ホーム画面やアプリ画面にあるアプリのアイコンをタップします。

1 ホーム画面を上方向にスワイプします。

2 アプリ画面が表示されたら、画面を左右にスワイプして、任意のアプリを探してタップします。ここでは、[設定]をタップします。

3 設定メニューが起動します。アプリの起動中に◀をタップすると、1つ前の画面（ここではアプリ画面）に戻ります。

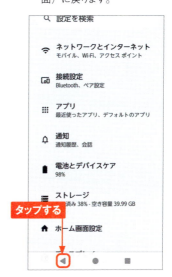

MEMO フォルダ内のアプリを起動する

ホーム画面やアプリ画面には、複数のアプリアイコンをまとめたフォルダがあります。フォルダをタップすると開き、フォルダ内のアプリアイコンをタップすると、アプリが起動します。

Section 011

アプリを切り替える

OS・Hardwa

アプリを利用中などでも、別のアプリに切り替えることができます。最近利用したアプリなら、履歴の一覧から切り替えることができます。

1 アプリの起動中やホーム画面で□をタップします。

2 最近使用したアプリがサムネイル表示されるので、画面を左右にスワイプして、目的のアプリをタップします。

3 タップしたアプリが起動します。

MEMO アプリピン止め

手順2の画面で[アプリピン止め]をタップすると、表示中のアプリの画面を固定して、ほかの画面を表示しないようにできます。一時的に本体を他人に渡す場合などに便利です。

Section 012

アプリを終了する

OS・Hardware

Android OSは自動的にメモリや電力を管理してくれるため、手動でアプリを終了する必要は基本的にありません。なお、アプリを終了すると、履歴一覧を整理できます。

1 P.18手順2の画面を表示して、画面を左右にスワイプし、終了したいアプリを表示します。

2 終了したいアプリを上方向にスワイプします。

3 アプリが終了し、履歴一覧からも削除されます。

4 履歴をすべて消去したい場合は、[すべてクリア]をタップします。

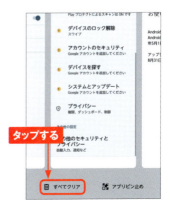

Section 013

音量キーで音量を操作する

OS・Hardware

音楽や動画などのメディア、通話、着信音と通知、アラームなどの音量は、音量大キー／音量小キーから調節できます。音量はメディアや通話などの種類ごとに、個別に調整することもできます。

1 音量大キー、または音量小キーを押します。

2 音量大キーまたは音量小キーを何度か押すか、スライダーをドラッグして音量を変更します。

3 スライダーの … をタップします。

4 他の項目が表示されます。スライダーを左右にドラッグして、個別に音量を設定することができます。

Section 014

電源をオフにする

OS・Hardware

arrows We2の電源をオフにするには、電源キーと音量大キーを同時に押して、電源オプション画面を表示して操作します。

1 ロックを解除した状態で、電源キーと音量大キーを同時に押します。

2 電源オプション画面が表示されます。[電源を切る]をタップします。

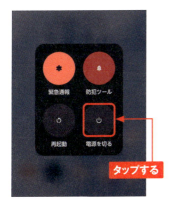

3 確認画面で[OK]をタップすると、電源がオフになります。

MEMO 通知パネルから電源を切る

通知パネル（Sec.016参照）を開いて🔘をタップすることでも、手順**2**の電源オプション画面を表示して、電源のオフや再起動ができます。

Section 015

情報を確認する

画面上部に表示されるステータスバーには、さまざまな情報がアイコンとして表示されます。ここでは、表示されるアイコンや通知の確認方法などを紹介します。

ステータスバーの見かた

通知アイコン

不在着信や新着メール、実行中のアプリの動作などを通知するアイコンです。

ステータスアイコン

電波状況やバッテリー残量、現在の時刻など、主に本体の状態を表すアイコンです。

通知アイコン	
	新着メッセージあり
	不在着信あり
	伝言メモあり
	データのダウンロード中
	アプリのアップデート通知
	非表示の通知あり

ステータスアイコン	
	マナーモード（バイブレーション）設定中
	マナーモード（ミュート）設定中
	Wi-Fi接続中
	電波状態
	Wi-Fiテザリング中
	Bluetooth機器に接続中

通知パネルを利用する

1 通知を確認したいときは、ステータスバーを下方向にスライドします。

2 通知パネルに通知が表示されます。通知をタップすると、対応するアプリが起動します。通知パネルを閉じるときは、◀をタップします。

通知パネルの見かた

❶	パネルスイッチ。タップして機能のオン／オフを切り替えできます。
❷	通知や本体の状態が表示されます。左右にスワイプすると、通知を消去できます。
❸	タップして開くと、隠れている通知の内容を表示できます。
❹	アプリからの通知には操作メニューが表示される場合があります。
❺	「サイレント」など、通知の種別を表示します。
❻	タップすると、設定メニューの「通知」が表示されます。
❼	すべての通知を消去します。消去できない通知もあります。

Section 016

パネルスイッチを利用する

OS・Hardware

通知パネルの上部に表示されるパネルスイッチを利用すると、設定メニューなどを起動せずに、各機能のオン／オフを切り替えることができます。

機能をオン／オフする

1 ステータスバーを下方向にスライドします。なお、2本指で下方向にスライドすると、手順3の画面が表示されます。

2 通知パネルの上部にパネルスイッチが表示されます。機能がオンのスイッチは水色で表示され、タップするとオン／オフを切り替えできます。画面を下方向にスライドします。

3 ほかのパネルスイッチが表示されます。一部のスイッチは、ロングタッチすると設定メニューの画面を表示できます。ここでは[Bluetooth]をロングタッチします。

4 設定メニューの「接続設定」画面が表示されて、Bluetooth機器との接続設定ができます。

パネルスイッチを編集する

1 P.24手順3の画面で🖉をタップします。

2 移動させたいパネルスイッチをロングタッチします。

3 パネルスイッチをロングタッチしたまま、移動させたい位置までドラッグします。

4 移動が完了したら、←をタップして手順1の画面に戻ります。

Section **017**

OS・Hardware

マナーモードを設定する

マナーモードはパネルスイッチや音量大キー/音量小キーから設定できます。マナーモードには「バイブ」と「サイレント」の2つのモードがあります。なお、マナーモード中でも、音楽などのメディアの音声は消音されません。

パネルスイッチから設定する

1 スタータスバーを下方向にスライドします。

2 通知パネルが開きます。パネルスイッチの[マナー]をタップします。

3 マナーモード(バイブ)が設定されます。再度タップします。

4 マナーモード(ミュート)が設定されます。再度タップすると、マナーモードが解除され、手順2の画面に戻ります。

音量キーから設定する

1 本体の音量大キーまたは音量小キーを押します。

2 スライダーの上に表示される🔊をタップします。

3 マナーモードのボタンが表示されます。🔔をタップします。

4 マナーモード（バイブ）が設定されます。手順3で🔕をタップすると、マナーモード（ミュート）が設定されます。

Section 018

2つのアプリを分割表示する

OS・Hardwar

arrows We2では、1画面に2つのアプリを分割表示できます。一部アプリはこの機能に対応していませんが、設定で可能になる場合があります。

1 いずれかの画面で、□をタップします。

2 使用したアプリの履歴一覧が表示されるので、分割画面の上部に表示したいアプリのアイコン部分をタップします。

3 [分割画面]をタップします。

4 分割画面で表示する、もう1つのアプリをタップします。

5 選択したアプリが上下に分かれて表示されます。いずれかのアプリ（ここでは設定メニュー）の画面をタップします。

6 タップしたアプリは通常と同じように操作できます。

7 分割画面を終了するには、アプリの境界にある ━━ を上方向または下方向へドラッグします。

8 手順 **7** でドラッグした側にあるアプリが終了して、分割画面が終了します。

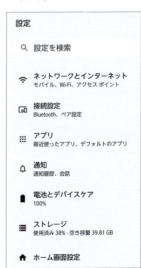

Section 019

アプリアイコンを整理する

標準でインストールされているアプリのうち、アプリアイコン（アイコン）がアプリ画面にしか表示されていないものは、ホーム画面に表示させることができます。ホーム画面やアプリ画面のアプリアイコンは、フォルダの中に入れて整理することもできます。

アプリアイコンをホーム画面に追加する

1. アプリ画面を表示します。目的のアプリアイコンをロングタッチし、[ホーム画面に追加] へドラッグします。

2. ホーム画面にアプリアイコンが追加されます。アイコンをロングタッチします。

3. アイコンを移動したい場所までドラッグして指を離すと、移動できます。

MEMO アイコンを削除する／アプリをアンインストールする

アプリアイコンをホーム画面から削除するには、アイコンをロングタッチして、[削除] へドラッグします。[アンインストール] へドラッグすると、アプリがアンインストールされます。

アプリアイコンをフォルダにまとめる

1 ホーム画面でアプリアイコンをロングタッチし、フォルダにまとめたい別のアプリアイコンまでドラッグして指を離します。

2 フォルダが作成されます。フォルダをタップします。

3 フォルダ名を変更するには、[名前の編集]をタップします。

4 フォルダ名を入力します。フォルダの外をタップするとフォルダが閉じて、ホーム画面に戻ります。

Section 020

ウィジェットを利用する

OS・Hardware

ウィジェットとは、ホーム画面で動作する簡易的なアプリのことです。情報を表示したり、タップすることでアプリにアクセスしたりできます。ウィジェットを組み合わせて、自分好みのホーム画面を作ることができます。

1 ホーム画面の何もないところをロングタッチし、[ウィジェット]をタップします。

2 下部のアプリ名（ここでは[カレンダー]）をタップします。

3 アプリのウィジェットが表示されるので、追加したいウィジェットをロングタッチします。

4 ホーム画面が表示されるので、設置したい場所にドラッグして指を離します。

Section 021

ダークモードを利用する

設定メニュー

arrows We2では、画面全体を黒を基調とした目に優しく、暗い場所でも画面が見やすいダークモードを利用することができます。ダークモードに変更すると、対応するアプリの画面表示もダークモードになります。

1 設定メニューを起動し、[ディスプレイ] をタップします。

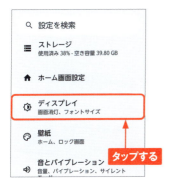

2 [ダークモード] をタップします。

3 [ダークモードを使用] をタップします。

4 画面全体が黒を基調としたダークモードになります。「Chrome」など、対応するアプリの画面もダークモードで表示されます。

Section 022

ホーム画面の壁紙を変更する

設定メニュー

ホーム画面の壁紙は、変更することができます。あらかじめ用意されている壁紙以外にも自分で撮影した写真を壁紙にすることができます。ここでは、自分で撮影した写真を壁紙に設定する方法を説明します。

1 設定メニューを起動し、［壁紙］をタップします。

2 ［壁紙とスタイル］をタップします。

3 ［壁紙の変更］をタップします。

4 撮影した写真を壁紙に設定する場合は［マイフォト］をタップします。

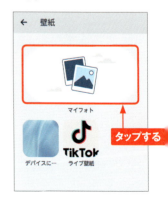

5 撮影した写真を壁紙にする場合は[フォト]をタップします。

6 撮影した写真が一覧表示されます。壁紙にする写真をタップします。

7 写真がプレビュー表示されます。確認して✓をタップします。

8 設定した壁紙を表示する場所を選択します。[ホーム画面][ロック画面][ホーム画面とロック画面]のいずれかをタップします。

9 ホーム画面やロック画面に戻ると、背景に設定した壁紙が表示されます。

Section 023

文字を入力する

キーボード

arrows We2では、ソフトウェアキーボードで文字を入力します。一般的な携帯電話の入力方法である「テンキー」と、パソコンと同じ入力方法の「QWERTY」を切り替えて使用できます。

文字入力方法

MEMO arrows We2のキーボード

arrows We2に搭載されているソフトウェアキーボードは、Googleがスマートフォンやタブレット用に開発した「Gboard」と、富士通とジャストシステムが共同開発した「Super ATOK ULTIAS」の2種類があります。初期状態ではSuper ATOK ULTIASが有効になっており、本セクションではSuper ATOK ULTIASによる入力方法を解説します。Gboardを利用するには、設定メニューでGboardを有効にする必要があります（Sec.24参照）。

キーボードの種類を切り替える

1 文字入力できる場面になると、キーボード（画面はテンキー／日本語入力モード）が表示されます。[MENU] をタップします。

2 キーボードの設定画面が表示されるので、[QWERTYキー] をタップします。

3 キーボードがQWERTYキーボードに切り替わります。■をタップします。

4 英数字入力モードに切り替わります。[MENU] をタップします。

5 キーボードの設定画面が表示されるので、[QWERTYキー] をタップします。

6 英数字入力モードのキーボードがQWERTYキーボードに切り替わります。■をタップすると、日本語入力モードに戻ります。

テンキーで文字を入力する

●トグル入力を行う

1. テンキーは、一般的な携帯電話と同じ要領で入力が可能です。たとえば、あを5回→かを1回→さを2回タップすると、「おかし」と入力されます。

2. 変換候補から選んでタップすると、変換が確定します。手順1で✓をタップして、変換候補の欄をスワイプすると、さらにたくさんの候補を表示できます。

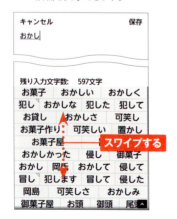

●フリック入力を行う

1. テンキーでは、キーを上下左右にフリックすることでも文字を入力できます。キーをロングタッチするとガイドが表示されるので、入力したい文字の方向へフリックします。

2. フリックした方向の文字が入力されます。ここでは、なを下方向にフリックしたので、「の」が入力されました。

QWERTYで文字を入力する

1 QWERTYでは、パソコンのローマ字入力と同じ要領で入力が可能です。たとえば、G→I→J→Uの順にタップすると、「ぎじゅ」と入力され、変換候補が表示されます。候補の中から変換したい単語をタップすると、変換が確定します。

2 文字を入力し、[変換] をタップしても文字が変換されます。

3 希望の変換候補にならない場合は、←/→をタップして文節の位置を調節します。

4 ↵をタップすると、濃いハイライト表示の文字部分の変換が確定します。

39

手書きで文字を入力する

1 キーボードが表示された状態で ::: をタップします。

タップする / MEMO参照

2 アイコンが ::: に変化します。キーボードの中央付近に指を当て、文字の形にドラッグします。

アイコンが変化した / ドラッグする

3 キーボードが手書きモードに変化して、ドラッグした形の文字が表示されます。

ドラッグする

4 続けて画面をドラッグして以降の文字を入力し、[変換]をタップして変換すると、手順2の画面に戻ります。::: をタップすると、手書き入力を終了します。

MEMO 記号や絵文字の入力

手順1の画面で ☺ をタップすると、記号や絵文字を入力する画面に切り替わります。[戻る]をタップすると、もとのキーボードの画面に戻ります。

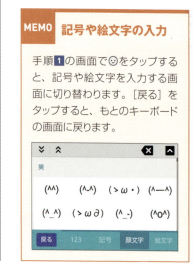

Section 024

Gboardで文字を入力する

キーボード

arrows We2のソフトウェアキーボードは、標準のSuper ATOK ULTIASのほか、Google製の「Gboard」が搭載されています。Gboardを利用するには、設定メニューで有効化する必要があります。

Gboardを有効にする

1 設定メニューを起動して、[システム] をタップします。

2 [キーボード] をタップします。

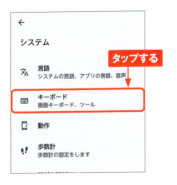

3 [画面キーボード] をタップします。

4 「Gboard」の ⬤ をタップします。⬤ に切り替わると、Gboardが有効になります。

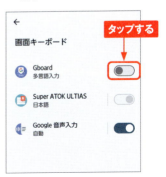

Gboardで文字を入力する

1 文字を入力できる画面でキーボード（Super ATOK ULTIAS）が表示されたら、右下の▦をタップします。

2 「入力方法の選択」画面で[Gboard]をタップします。

3 「入力レイアウトの選択」画面で[12キー]または[QWERTY]をタップして選択し、[完了]をタップします。

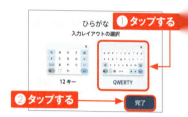

4 Gboardのキーボードが表示されます。文字の入力方法はSuper ATOK ULTIASに準じます。

MEMO クリップボードの活用

手順**4**の画面で📋→[クリップボードをオンにする]をタップすると、コピーの履歴をたどってペーストできるようになります。

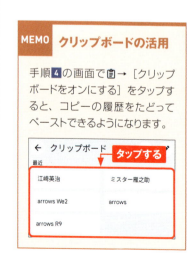

Section 025

テキストをコピー&ペーストする

キーボード

アプリなどの編集画面でテキストをコピーすることができます。また、コピーしたテキストは別のアプリなどにペースト（貼り付け）して利用することができます。コピーのほか、テキストを切り取ってペーストすることもできます。

1 テキストの編集画面で、コピーしたいテキストをロングタッチします。

2 ●─● を左右にドラッグしてコピーする範囲を指定し、[コピー] をタップします。なお、[切り取り] をタップすると、テキストの切り取り（カット）ができます。

3 ペーストしたい位置をタップし、[貼り付け] をタップします。

4 テキストがペーストされます。

Section 026

電話をかける／受ける

「電話」アプリ

電話の操作は、発信も着信も非常にシンプルです。発信時はホーム画面のアイコンから簡単に電話を発信でき、着信時はドラッグ操作で通話を開始できます。

電話をかける

1 ホーム画面で📞をタップします。

2 「キーパッド」画面が表示されていないときは、⊞をタップします。

3 ダイヤルキーをタップして宛先の電話番号を入力し、📞をタップすると電話が発信されます。

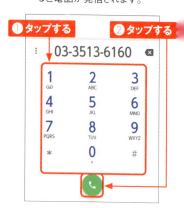

4 相手が応答すると通話開始です。📞をタップすると、通話が終了します。

電話を受ける

●スリープ中に電話を受ける

1. スリープ中に電話が着信すると、「着信」画面が表示されます。📞を上方向へドラッグします。

2. 相手との通話が始まります。📞をタップすると、通話が終了します。

●利用中に電話を受ける

1. 利用中に電話が着信すると、画面上部に着信画面が表示されます。[電話に出る]をタップします。

2. 相手との通話が始まります。📞をタップすると、通話が終了します。

Section 027

通話履歴を確認する

「通話」アプリ

通話した相手へ電話をかけ直すときは、通話履歴の画面から操作するとかんたんです。通話履歴は着信と発信の両方が表示されます。

1 ホーム画面で📞をタップします。

2 「通話履歴」画面が表示されていない場合は、[通話履歴]をタップします。

3 発着信履歴が一覧表示されます。電話を発信したい履歴の📞をタップします。

4 発着信履歴に表示されていた番号へ電話が発信されます。

Section 028

着信拒否を設定する

「電話」アプリ

arrows We2には、特定の電話番号からの着信を受けないようにする着信拒否機能が搭載されています。迷惑電話やいたずら電話などの対策に活用しましょう。

1 「電話」アプリを起動して、通話履歴を表示します。着信を拒否したい電話番号をタップします。

2 着信履歴の詳細が表示されます。[番号をブロック]をタップします。

3 確認画面で[ブロック]をタップすると、着信拒否が設定されます。

4 着信拒否に登録した相手が電話をかけると、電話に出られないというアナウンスが流れます。着信拒否を解除するには、手順 **2** の操作で着信履歴の詳細を表示して、[番号のブロックを解除]をタップします。

47

Section 029

伝言メモを利用する

「通話」アプリ

伝言メモを設定すると、留守番電話サービスを未契約でも、電話に応答できない場合に応答メッセージを再生して、相手の音声を1件あたり最大60秒間まで録音できます。

1 「通話」アプリを起動して、右上の︙→［設定］の順にタップします。

2 「通話」アプリの「設定」画面で［通話］をタップします。

3 ［伝言メモ］をタップします。「伝言メモの許可」画面が表示されたら、［次の画面へ］をタップします。

4 初回は録音やアクセスの許可の確認画面が表示されるので、［アプリの使用時のみ］や［許可］を順次タップします。

5 「伝言メモ」画面で［伝言メモ］をタップしてオンにします。続いて［着信呼出設定］をタップします。

6 ダイヤルを上下にスワイプして着信呼出時間を設定し、［設定］をタップします。着信後、ここで設定した時間が経過すると、伝言メモが起動します。

7 設定後、伝言メモのメッセージが残されると、ステータスバーに「伝言メモあり」のステータスアイコン が表示されます。ステータスバーを下方向へスライドします。

8 伝言メモの通知をタップします。

9 保存されている伝言メモが一覧表示されます。再生したい伝言メモをタップします。

10 ▶をタップすると、伝言メモが再生されます。伝言メモを削除するには、︙→［削除］の順でタップします。

Section 030

Wi-Fiを利用する

設定メニュー

自宅のインターネットのWi-Fiアクセスポイントや公衆無線LANなどのWi-Fiネットワークがあれば、モバイル回線を使わなくてもインターネットに接続して、より快適に楽しめます。

Wi-Fiに接続する

1 設定メニューの[ネットワークとインターネット]をタップします。

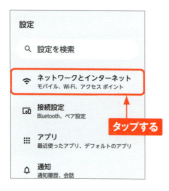

2 [インターネット]をタップします。

3 接続したいWi-Fiネットワーク名をタップします。

4 パスワードを入力し、必要に応じて[詳細設定]をタップして、その他の設定をします。[接続]をタップすると、Wi-Fiネットワークに接続します。

Wi-Fiネットワークを追加する

1. Wi-Fiネットワークに手動で接続する場合は、P.50手順3の画面の下部にある［ネットワークを追加］をタップします。

2. 「ネットワーク名」を入力し、「セキュリティ」の［なし］をタップします。

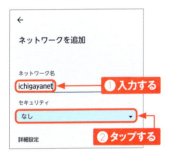

3. 適切なセキュリティの種類をタップして選択します。

4. 「パスワード」を入力して［保存］をタップすると、Wi-Fiネットワークに接続できます。

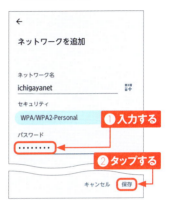

MEMO Wi-Fiから切断する

接続中のWi-Fiを切断したいときは、P.50手順3の画面で、接続済みのWi-Fiネットワーク名をタップして、表示された画面で［接続を解除］をタップします。

Section 031

Googleアカウントを設定する

設定メニュー

Googleアカウントを登録すると、Googleが提供するサービスが利用できます。なお、初期設定で登録済みの場合は、ここで解説する設定操作は必要ありません。取得済みのGoogleアカウントを利用することもできます。

1 アプリ画面で［設定］をタップします。

2 設定メニューが起動するので、［パスワードとアカウント］をタップします。

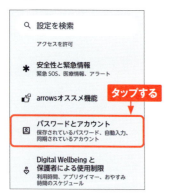

3 ［アカウントを追加］をタップします。Googleアカウントを設定すると、この画面に表示されます（P.54手順9参照）。

MEMO Googleアカウントとは

Googleアカウントを取得すると、PlayストアからのアプリのインストールやGoogleが提供する各種サービスを利用できます。アカウントは、メールアドレスとパスワードを登録するだけで作成できます。Googleアカウントを設定すると、Gmailが利用できるようになり、メールが届きます。

4 [Google] をタップします。

5 新規にアカウントを取得する場合は、[アカウントを作成] → [個人で使用] の順でタップして、画面の指示に従って進めます。

6 「アカウント情報の確認」画面が表示されたら、[次へ] をタップします。

7 「プライバシーポリシーと利用規約」の内容を確認して、[同意する] をタップします。

MEMO 既存のアカウントを利用する

取得済みのGoogleアカウントがある場合は、手順 **6** の画面でメールアドレスを入力して、[次へ] をタップします。次の画面でパスワードを入力して操作を進めると、P.54手順 **10** の画面が表示されます。

8 画面を上方向にスワイプし、利用したいGoogleサービスがオンになっていることを確認して、[同意する]をタップします。

9 P.52手順3の「パスワードとアカウント」画面が表示されます。設定したGoogleアカウントをタップします。

10 [アカウントを同期]をタップします。

11 Googleアカウントで同期可能なサービスが表示されます。サービス名をタップして にすると、同期が解除されます。

MEMO Googleアカウントの削除

手順10の画面で[アカウントを削除]をタップすると、Googleアカウントをarrows We2から削除することができます。

WebとGoogleアカウント
の便利技

Chapter

2

Section 032

Webページを閲覧する

arrows We2には、WebブラウザとしてGoogleの「Chrome」アプリが搭載されています。パソコンのGoogle Chromeと同じGoogleアカウントでログインすると、ブックマークを共有できます。

Chromeを起動する

1 ホーム画面で◎をタップします。

2 「Chrome」アプリが起動します。au版の場合、標準ではau Webポータルが表示されます。画面上部には「アドレスバー」が配置されています。アドレスバーが見えないときは、画面を下方向にスワイプすると表示されます。

3 アドレスバーをタップし、WebページのURLを入力して、[実行]をタップすると、入力したWebページが表示されます。

MEMO インターネットで検索をする

手順3でURLではなく、調べたい語句を入力して[実行]をタップするか、アドレスバーの下部に表示される検索候補をタップすると、検索結果が表示されます。

Webページを移動する

1 Webページの閲覧中に、リンク先のページに移動したい場合、ページ内のリンクをタップします。

2 ページが移動します。◁をタップすると、タップした回数分だけページが戻ります。

3 画面右上の⋮をタップして、→をタップすると、前のページに進みます。

4 ⋮をタップして、⟳をタップすると、表示ページが更新されます。

TIPS　PCサイトの表示

スマートフォンの表示に対応したWebページを「Chrome」アプリで表示すると、モバイル版のWebページが表示されます。あえてパソコン用のPC版サイトを表示させるには、手順4の画面の下のほうに表示されている［PC版サイト］をタップします。もとに戻すには、再度［PC版サイト］をタップします。

Section 033

Chromeのタブを使いこなす

「Chrome」アプリはタブを切り替えて、同時に開いた複数のWebページを表示することができます。複数のページを交互に参照したいときや、常に表示しておきたいページがあるときに利用すると便利です。またグループ機能を使うと、タブをまとめたりアイコンとして操作できたりして、管理しやすくなります。

Webページを新しいタブで開く

1 「Chrome」アプリを起動して、⋮をタップします。

2 [新しいタブ]をタップします。

3 新しいタブが表示されます。現在開いているタブの数は、画面の右上に表示されます。

開いているタブの数

MEMO グループとは

「Chrome」アプリには、複数のタブをまとめるグループ機能があります(P.60～61参照)。よく見るWebページのジャンルごとにタブをまとめておくと、情報を探したり、比較したりしやすくなります。また、グループ内のタブはアイコン表示で操作できるので、追加や移動などもかんたんです。

タブを切り替える

1 複数のタブを開いた状態で、タブ切り替えアイコンをタップします。

2 現在開いているタブの一覧が表示されるので、表示したいタブをタップします。

3 タップしたタブに切り替わります。

MEMO タブを閉じる

不要なタブを閉じたいときは、手順2の画面で、タブの右上の×をタップします。なお、最後に残ったタブを閉じると、「Chrome」アプリが終了します。

グループを表示する

1 ページ内のリンクをロングタッチします。

2 [新しいタブをグループで開く] をタップします。

3 新しいタブがグループで開き、画面下にタブの切り替えアイコンが表示されます。新しいタブのアイコンをタップします。

4 新しいタブのページが表示されます。

グループを整理する

1 P.60手順3の画面で右下の＋をタップすると、グループ内に新しいタブが追加されます。画面右上のタブ切り替えアイコンをタップします。

2 現在開いているタブの一覧が表示され、グループの中に複数のタブがまとめられていることがわかります。グループをタップします。

3 グループが大きく表示されます。タブの右上の×をタップします。

4 グループ内のタブが閉じます。←をタップすると、現在開いているタブの一覧に戻ります。

5 グループにタブを追加したい場合は、追加したいタブをロングタッチして、グループにドラッグします。

6 グループにタブが追加されます。

Section 034

よく見るWebページをブックマークする

Chrome

「Chrome」アプリでは、WebページのURLを「ブックマーク」に追加し、好きなときにすぐに表示することができます。よく閲覧するWebページはブックマークに追加しておくと便利です。

1 ブックマークに追加したいWebページを表示して、︙をタップします。

2 ☆をタップします。

3 ブックマークに追加され、「ブックマークを保存しました」というメッセージ表示されます。メッセージをタップします。

4 名前や保存先のフォルダなどを編集し、←をタップします。

MEMO ホーム画面にショートカットを配置する

手順**2**の画面で[ホーム画面に追加]をタップすると、表示しているWebページのショートカットをホーム画面に配置できます。

Section **035**

Webページ内の単語をすばやく検索する

Chrome

「Chrome」アプリでは、Webページ内の単語をタップすることで、その単語についてすばやく検索することができます。なお、モバイル専用ページなどで、タップで単語を検索できない場合は、ロングタッチして文章を選択します（MEMO参照）。

1 「Chrome」アプリでWebページを開き、検索したい単語をタップします。

2 画面下部に選んだ単語が表示されるので、タップします。

3 検索結果が表示されます。

MEMO 文章を検索する

文章を検索するには、Webページ上の検索したい部分をロングタッチし、● ●を左右にドラッグして文章範囲を選択し、⋮ →［ウェブ検索］をタップします。

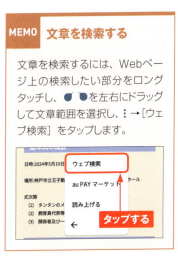

Section 036

Webページの画像を保存する

Chrome

「Chrome」アプリでは、Webページ上の画像をロングタッチすることで、かんたんに保存できます。画像は本体内の「Download」フォルダに保存されます。「フォト」アプリで見る場合は、「フォト」アプリで［ライブラリ］→［Download］の順にタップします。

1 「Chrome」アプリでWebページを開き、保存したい画像をロングタッチします。

ロングタッチする

2 表示されたメニューの［画像をダウンロード］をタップします。

タップする

3 ダウンロード完了のメッセージが表示されたら、［開く］をタップします。

タップする

4 保存した画像が表示されます。

Section 037

住所などの個人情報を自動入力する

Chrome

「Chrome」アプリでは、あらかじめ住所やクレジットカードなどの情報を設定しておくことで、Webページの入力欄に自動入力することができます。入力欄の仕様によっては、正確に入力できない場合もあるので、該当部分を手動で修正する必要があります。

1 画面右上の⋮をタップし、[設定]をタップします。

2 住所などを設定するには[住所やその他の情報]を、クレジットカードを設定するには[お支払い方法]をタップします。

3 「お支払方法の保存と入力」または「住所の保存と入力」がオンになっていることを確認し、[住所を追加]または[カードを追加]をタップします。

4 情報を入力し、[完了]をタップします。

Section 038

パスワードマネージャーを利用する

Chrome

「パスワードマネージャー」は、WebサービスのログインIDとパスワードをGoogleアカウントに紐づけて保存します。以降は、ログインIDの入力欄をタップすると、自動ログインできるようになります。保存したパスワードの管理には、ロック画面解除の操作が必要です。

1 「Chrome」アプリの画面右上の︙をタップし、[設定]をタップします。

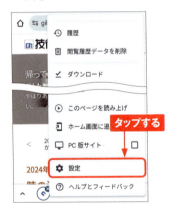

2 [Googleパスワードマネージャー]をタップします。

3 パスワードマネージャーの説明が表示されたら、[設定]をタップします。

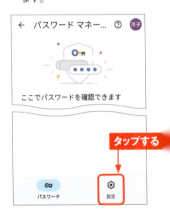

4 設定がオンであることを確認します。Webページでパスワードを入力後、[保存]をタップするとパスワードが保存され、以降、自動ログインできるようになります。

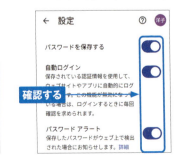

Section 039

「Google」アプリ

Google検索を行う

「Google」アプリは、自分に合わせてカスタマイズした情報を表示させたり、Google検索をしたりできます。また、ホーム画面上のクイック検索ボックス（P.14参照）を使うとすばやく検索できます。検索したWebページを表示できる点はChromeと同じですが、機能などが異なります。

1 ホーム画面の「Google」フォルダ→［Google］の順にタップします。

2 検索するキーワードを入力し、🔍 をタップします。

3 キーワードに関連する検索結果が表示されます。

MEMO そのほかの使いかた

キーワードの入力中に検索候補が表示されるので、これをタップすることでも検索ができます。スペース（空白）で区切って複数のキーワードを入力すると、複数のキーワードに該当することを条件とするAND検索ができます。検索履歴をロングタッチして、表示される［削除］をタップすると、検索履歴を削除できます。

Section 040

音声でGoogle検索する

「Google」アプリ

「Google」アプリは音声でキーワードを入力して、検索することができます。キーボードを操作できない場合に便利です。周辺で流れている音楽について検索することもできます。

1 ホーム画面で「Google」フォルダ→[Google]の順にタップして、「Google」アプリを起動します。

2 検索ボックス内にある🎤をタップします。

3 マイクに向かって、検索したいキーワードを話します。

4 検索結果が表示されます。

> **MEMO その他の方法**
>
> ホーム画面のクイック検索ボックス内にある🎤をタップすることでも、音声による検索が可能です。

Section 041

最近検索したWebページを確認する

「Google」アプリ

「Google」アプリや「Chrome」アプリで検索して閲覧したWebページは、あとから「Google」アプリの「検索履歴」で確認することができます。

1 Sec.040を参考に「Google」アプリを起動して、右上のアカウントアイコンをタップします。

2 [検索履歴]をタップします。

3 最近検索したWebページが表示されます。画面を上下にスワイプして確認します。[削除]をタップすると、削除する検索履歴の範囲を指定できます。

TIPS　Web履歴をまとめて削除する

Chromeの利用履歴も含めて、Googleアカウントで検索、表示したWeb履歴は、「検索履歴」から確認したり、まとめて削除したりできます。

Section 042

Googleレンズで調べる

Googleレン

Googleレンズは、カメラで対象物を認識・分析することで、関連する情報などを調べることができる機能です。好みの製品に近いものを探したり、目の前にいる生物や植物について調べたりする場合に活用できます。

1 クイック検索ボックスの◎をタップします。

2 ◎→ [カメラを起動] の順にタップします。

3 検索の対象物にカメラを向けて、シャッターボタンをタップすると、検索結果が表示されます。

MEMO カメラへのアクセス許可

Googleレンズを最初に使用する際は、カメラへのアクセスを許可する必要があります。

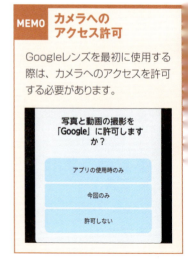

Section 043

Googleレンズで文字を読み取る

Googleレンズ

Googleレンズで文字を読み取ってテキスト化することができます。テキストをパソコンに直接コピーすることもできます。

1 Googleレンズを起動して文字にかざし、シャッターボタンをタップします。

タップする

2 [テキストを選択] をタップします。

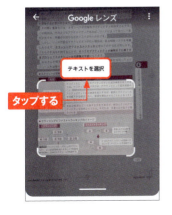

タップする

3 P.43を参考にコピーしたいテキストを選択し、[コピー] をタップすると、テキストとしてコピーされ、ほかのアプリにペーストして利用できます。

タップする

TIPS パソコンにテキストをコピーする

手順3の画面で︙→ [パソコンにコピー] の順にタップすると、パソコンにテキストをコピーすることができます。パソコンの「Chrome」アプリに同じGoogleアカウントでログインしている必要があります。

Section **044**

「Google」アプ

Googleアカウントの情報を確認する

Googleアカウントの情報は、「Google」アプリなど、Google製のアプリから確認できます。登録している名前やパスワードの確認・変更、プライバシー診断、セキュリティの確認などの操作ができます。

1 Sec.040を参考に「Google」アプリを起動し、右上のアカウントアイコンをタップします。

2 [Googleアカウントを管理] をタップします。

3 Googleアカウントの管理画面が表示されます。

4 タブをタップすると、それぞれの情報を確認できます。

Section 045

「Google」アプリ

アクティビティを管理する

Googleアカウントを利用した検索、表示したWebページ、視聴した動画、利用したアプリなどの履歴を「アクティビティ」と呼びます。「Google」アプリで、これらのアクティビティを管理することができます。ここでは例として、Web検索の履歴の確認と削除の方法を解説します。

1 P.72手順2の画面で[検索履歴]をタップします。

2 画面下部に、直近のWeb検索と見たWebページの履歴が表示されます。画面を上方向にスワイプすると、さらに過去の履歴を見ることができます。×をタップすると履歴を削除できます。

TIPS アクティビティをもっと見る

手順2の画面で、上部に表示されるタブの[管理]をタップすると、「ウェブとアプリのアクティビティ」で、アプリの利用履歴を確認できます。また、利用履歴の保存をオフにすることもできます。

Section 046

「Google」ア[プリ]

Googleアカウントに2段階認証を設定する

2段階認証とは、ログインを2段階の操作にしてセキュリティを強化する認証のことです。Googleアカウントの2段階認証プロセスをオンにすると、ほかの端末やパソコンでGoogleアカウントへログインする際にarrows We2での認証操作が必要になり、不正なログインを防止できます。

1 Sec.040を参考に「Google」アプリを起動し、右上のアカウントアイコンをタップします。

2 [Googleアカウントを管理] をタップします。

3 Googleアカウントの管理画面で、上部のタブを左方向へスライドします。

4 [セキュリティ] をタップして、[2段階認証プロセス] をタップします。

5 [2段階認証プロセスを有効にする] をタップします。

6 「2段階プロセスで保護されています」と表示されたら、[完了] をタップします。

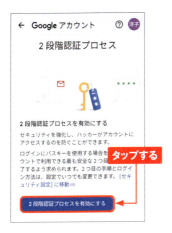

TIPS　2段階認証の操作

2段階認証を有効にした後、ほかの端末やパソコンからarrows We2と同じGoogleアカウントでGoogleにログインしようとすると、2段階認証プロセスの確認画面が表示されます。arrows We2の画面には「ログインしようとしていますか?」と表示されるので、[はい、私です] をタップすると、ほかの端末やパソコンでGoogleにログインできます。

●パソコンやほかの端末の画面

●arrows We2の画面

Section 047

プライバシー診断を行う

「Google」ア

Googleアカウントには、ユーザーのさまざまなアクティビティやプライバシーの情報が保存されています。プライバシー診断では、それらの情報の確認や設定の変更などができます。プライバシー診断で表示される項目は、Googleアカウントの利用状況により異なります。

1 P.74手順3の画面で、[データとプライバシー]をタップします。[プライバシー診断を行う]または[提案を確認]をタップします。

2 「ウェブとアプリのアクティビティ」の設定を確認・変更できます（P.73参照）。[次へ]をタップします。

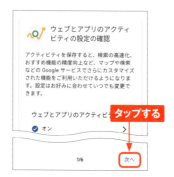

3 「YouTubeの利用履歴」の設定を確認・変更できます。以降の画面で、さまざまなアクティビティやプライバシーの設定を確認・変更します。

4 プライバシー診断が完了したら、[Googleアカウントを管理]をタップして手順1の画面に戻ります。

写真や動画、音楽の便利技

Chapter

3

Section 048

写真や動画を撮影する

「カメラ」アプリ

arrows We2には高性能なカメラが搭載されています。まずは、写真や動画の基本的な撮影方法や、アウトカメラとインカメラを切り替える方法を確認しましょう。

写真や動画を撮る

1 ホーム画面で◎をタップします。初回はAIシーン認識 やSuper Night Shotなどの説明が表示されるので、[今後表示しない] → [OK]の順にタップします。

2 カメラが起動したら、ピントを合わせたい場所をタップして、シャッターボタン◯をタップすると、写真を撮影できます。シャッターボタンをロングタッチ、または音量大キー／音量小キーを長押しすると、連写撮影ができます。

3 撮影後、プレビュー縮小表示をタップすると、撮った写真を確認できます。◎をタップすると、アウトカメラとインカメラを切り替えできます。

4. 動画を撮影したいときは、画面を下方向（横向き時。縦向き時は左方向）にスワイプするか、[ビデオ]をタップします。

5. 動画撮影モードになります。◉をタップすると、動画の撮影を開始します。

6. 動画の撮影中は、画面左下に撮影時間が表示されます。 をタップまたはスライドすると、ズームの切り替えができます。◉をタップすると、撮影を終了します。

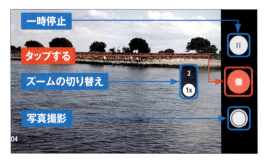

7. 写真撮影モードに戻すには、画面を上方向（横向き時。縦向き時は右方向）にスワイプするか、[写真]をタップします。

撮影画面の見かた

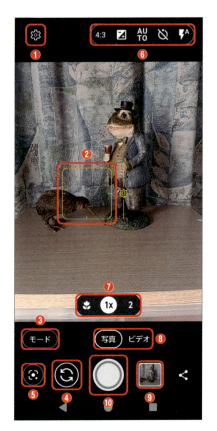

※写真撮影時初期状態

❶	設定メニュー表示	❻	各機能設定
❷	フォーカス枠	❼	ズーム倍率アイコン
❸	撮影モード	❽	静止画撮影／動画撮影の切替
❹	カメラ切替	❾	直前に撮影した静止画／動画のサムネイル
❺	Google レンズ	❿	シャッターボタン／録画開始ボタン

ズーム倍率を切り替えて撮影する

1. カメラを起動すると、標準では「1x」の広角カメラが選択されています。ズーム倍率アイコンの[2]をタップします。

2. 2倍の望遠カメラに切り替わります。

3. 画面をピンチイン／ピンチアウトすると、拡大／縮小します。ズーム倍率アイコン上をスライドすると表示されるスライドバーに合わせて、ズームの度合いを細かく変更することもできます。

MEMO ズームとカメラの切り替えについて

arrows We2のアウトカメラは、静止画の撮影時は最大8倍、動画の撮影時は最大5倍のズームが可能です。どちらの場合でも、ズーム倍率アイコンの数字をタップすることで、1倍と2倍をかんたんに切り替えることもできます。また、ズーム倍率アイコンの🌷をタップすると、マクロ撮影（接写）ができます。小さな被写体に接近して撮影したり、被写体の一部部分を拡大して撮影する場合などに利用できます。

Section 049

カメラモードを切り替える

「カメラ」アプリ

arrows We2のカメラには、撮影する対象や状況に合わせたさまざまなモードが用意されています。ここでは、カメラのモードを切り替える方法を説明します。

1 「カメラ」アプリを起動し、[モード]をタップします。

2 利用できるモードが表示されるので、タップして選択します。

利用できるカメラモード

❶写真	静止画を撮影できます。ほかの撮影モード画面から戻るときは、[モード]をタップして切り替えます。
❷ビデオ	動画を撮影できます。
❸Photoshop Expressモード	撮影した静止画を「Photoshop Express」アプリで補正します。補正前と補正後の静止画が保存されます。
❹ポートレート	顔を認識し、人物の背景にぼかしを付けて撮影します。ぼかしの度合いは調整できます。
❺Super Night Shot	暗い場所でも明るさを自動で補正し、より鮮明な写真を撮影できます。
❻スロモ録画	スローモーション効果を適用した動画を録画できます。
❼マニュアル	シャッタスピード、露出、WB、ISO感度、フォーカスを手動で調整できます。
❽Google Lens	Google レンズを起動します。

Section 050

カメラの設定を変更する

「カメラ」アプリ

撮影方法や位置情報タグの付加など、カメラの設定を変更することができます。また、フラッシュのオン／オフや写真の縦横比などは撮影画面で変更できます。

●カメラの設定を変更する

1 カメラの各種設定を変更するには、⚙をタップします。

2 カメラの「設定」画面が表示されます。設定の確認や変更ができます。

●サイズや露出を変更する

1 写真のサイズ／縦横比や露出を変更するには、各機能設定のアイコンをタップします。

2 表示されたメニューの「写真サイズ」で写真のサイズ／縦横比、「露出」で露出を変更できます。

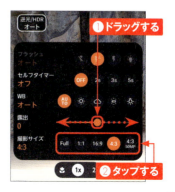

Section 051

「カメラ」アプ

ポートレートモードで撮影する

arrows We2のカメラでは、対象の人物やものを撮影する際に、背景をぼかすポートレートモードが利用できます。ぼかしの強度も設定することができます。

1 P.82手順2の画面を表示して、[ポートレート]をタップします。ポートレートの説明が表示されたら[OK]をタップします。

2 スライダーをスライドして、背景をぼかすレベルを調整します。

3 調整が完了したら、◯をタップして写真を撮影します。

Section 052

グリッド線や水準器を表示する

「カメラ」アプリ

撮影画面にグリッド線を表示すると、被写体の配置や全体のバランスを確認して、写真の構図を決める際に役立ちます。水準器を表示すると、カメラが水平であるかを確認する際に便利です。

1. P.83左の手順2の画面で、[グリッド表示]と[水準器表示]をタップしてオンにします。←をタップして、撮影画面に戻ります。

2. 撮影画面にグリッド線と水準器が表示されます、ピントを合わせて写真を撮影します。

3. グリッド線と水準器は撮影画面に表示されるだけで、撮影した写真には写りません。

Section 053

「カメラ」アプリ

AIシーン認識を活用する

arrows We2のカメラには、撮影シーンを自動的に判別する「AIシーン認識」の機能があります。AIシーン認識を利用するには、P.83左の手順2の画面で[AIシーン認識]と[AIシーン認識説明文表示]をタップしてオンにします。

●AIシーン認識の例

料理

花

犬猫

人物

Section 054

スロモ録画で動画を撮影する

「カメラ」アプリ

arrows We2のスロモ録画機能を利用すると、動きのあるシーンを部分的にスローにした映像を撮影できます。スポーツ、動物、乗り物などの動きをじっくり観察したいときに便利です。なお、スロモ録画では音声は録音できません。

1 P.82手順2の画面を表示して、[スロモ録画]をタップします。

2 ●をタップして、録画を開始します。

3 動画の録画が開始します。●をタップすると、録画を終了します。

4 動画を再生すると、動きのあるシーンが部分的にスローモーションで再生されます。

Section 055

写真を見る

「フォト」アプリ

カメラで撮影した写真や動画は、「フォト」アプリで見ることができます。写真や動画は、撮影した日付によって自動的に整理されます。ここでは、写真を見る方法を説明します。

1 ホーム画面で「Google」フォルダをタップして開き、[フォト] をタップします。

2 本体内に保存されている写真や動画が一覧表示されます。見たい写真をタップします。

3 写真が表示されます。ピンチやダブルタップで拡大／縮小ができます。写真をダブルタップします。

4 写真が全画面表示になります。画面を再度ダブルタップすると、手順3の表示に戻ります。

Section 056

動画を再生する

「フォト」アプリ

「フォト」アプリでは、カメラで撮影した動画を再生できます。画面の拡大や再生の一時停止、再生を開始する位置の指定なども可能です。

1. P.88手順2の画面を表示して、見たい動画のサムネイルをタップします。動画サムネイルには、右上に再生マークと時間が表示されています。

2. 動画が再生されます。拡大して再生するには、画面をダブルタップします。

3. 拡大した画面を再度ダブルタップすると、もとのサイズに戻ります。

4. 再生を一時停止するには、画面をタップして、表示された⏸をタップします。⏸をタップすると、動画の再生を再開します。

Section 057

「フォト」アプリ

写真や動画を削除する

撮影に失敗した写真や不要な動画は、ごみ箱に移動して削除しましょう。複数の写真や動画を選択して、まとめて削除することもできます。なお、ごみ箱に移動した写真や動画は30日後に自動で完全に削除されるので、その前ならば元に戻すことができます。

1 P.88手順2の画面で、不要な写真や動画をロングタッチします。

2 写真や動画にチェックマークが付きます。ほかに削除したい写真や動画があればタップして選択し、[削除]をタップします。ゴミ箱についての説明が表示されたら、[OK]をタップします。

3 [ごみ箱に移動]をタップすると、ごみ箱に移動します。

4 写真や動画をすぐに削除したい場合は、手順1の画面で[コレクション]→[ゴミ箱]の順でタップします。

5 ゴミ箱の画面で⋮→[ゴミ箱を空にする]→[完全に削除]の順でタップすると、ゴミ箱内のファイルがすべて削除されます。

Section 058

写真を編集する

「フォト」アプリ

「フォト」アプリでは、撮影した写真や動画の編集ができます。写真にさまざまな効果やフィルターを適用するほか、トリミング、調整、動画のトリミングや編集などができます。

写真に効果を適用する

1 「フォト」アプリで写真を表示して、[編集]をタップします。

2 [補正]をタップします。

3 写真に補正が適用されて、明るさや色合いが変化します。[保存]をタップします。

4 [保存]をタップすると、写真を上書き保存します。[コピーとして保存]をタップすると、写真を別ファイルとして保存します。

91

写真を編集する

1 P.91手順3の画面で[切り抜き]をタップします。

2 写真の四隅のハンドルをドラッグして、トリミングの範囲を指定します。この画面で、写真の回転や変形なども可能です。

3 メニューを左方向へスライドして[調整]に合わせると、明るさ、コントラスト、HDRエフェクト、ホワイトバランスなどを調整できます。

4 [フィルタ]に合わせると、ビビッド、プラヤ、ハニー、アイラなどのフィルタを適用できます。

写真内の邪魔なものを消去する

1 P.92手順1の画面を表示して、［ツール］→［消しゴムマジック］の順にタップします。

2 消去する候補がハイライト表示されます。消してよい場合は［すべてを消去］をタップします。

3 ハイライト表示の部分が消去されます。画面を直接なぞって、消去したいものを指定することもできます。

4 ［完了］→［コピーを保存］の順にタップして、写真を新規保存します。

Section 059

動画を編集する

「フォト」アプリ

「フォト」アプリでは、動画を編集することもできます。長い動画のトリミング、画面上へのテキストの追加、コントラストや明るさの調整などが可能です。

1 「フォト」アプリで動画を再生します。画面上をタップして、[編集]をタップします。

2 まず、動画をトリミングします。表示されたインジケーターの左端と右端をドラッグして、動画の開始と終了の位置を調節します。

3 [マークアップ]をタップして、[テキスト]をタップします。

4 動画の画面に表示させるテキストを入力します。

5 入力したテキストをドラッグすると、位置を変更できます。色をタップすると、テキストに色を付けることができます。

6 [効果]をタップすると、ダイナミックス、紙の切れ目、モノクロフィルムなどの効果を適用できます。

7 [調整]→[コントラスト]の順でタップすると、コントラスト(明るい部分と暗い部分の差)を調整できます。編集が完了したら、[完了]をタップします。

8 [コピーを保存]をタップすると、動画を新規ファイルとして保存できます。

Section 060

Quick Shareで共有する

設定メニュー

Quick Shareは他のユーザーへ、すばやく・安全にファイルを送信できる機能です。「Quick Share」アプリをインストールしたパソコンにもファイルを送信できます。

Quick Shareの設定を確認する

1 設定メニューを起動し、[接続設定]→[接続の詳細設定]→[Quick Share]の順でタップします。

2 [共有を許可するユーザー]がオンであることを確認します。[共有を許可するユーザー]をタップします。

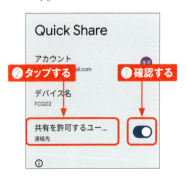

3 共有を許可するユーザーをタップして選択します。

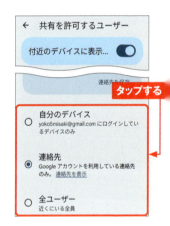

MEMO 共有を許可するユーザー

近くにいる、連絡先を登録していないユーザーにファイルを送信したい場合は、手順3で[全ユーザー]をタップすると便利です。安全のため、ファイルの送信後は[自分のデバイス]または[連絡先]をタップしておきましょう。

Quick Shareを利用する

1. アプリ（画面は「フォト」アプリ）で共有したいファイルを表示し、[共有]をタップします。

2. [Quick Share]をタップします。

3. 「付近のデバイスに送信」欄に、近くにあるスリープ状態ではない共有を許可するユーザーのデバイスが表示されるので、タップします。

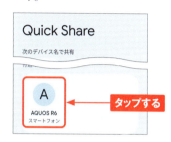

4. 「送信しました」と表示されれば、送信成功です。

5. 受信側にはこのような画面が表示されるので、[承認する]をタップします。

Quick Shareで受信したファイルを開く

1 周囲の端末からQuick Shareでファイルを送信されると、以下のような画面が表示されます。[承認する] をタップします。

2 ここでは「Files」アプリ(Sec.80参照) で画像を表示するため、[ダウンロードを表示] をタップします。[開く] をタップした場合は、「Photoshop Express」アプリが起動します。

3 「Files」アプリの説明が表示されたら、[続行] をタップします。

4 確認画面で [許可] をタップします。

5 「Files」アプリが起動します。ファイルのアイコンをタップすると、画像が表示されます。

Section 061

パソコンから音楽・写真・動画を取り込む

OS・Hardware

arrows We2はUSB Type-Cケーブルでパソコンと接続して、本体やmicroSDカードにパソコン内の各種データを転送することができます。お気に入りの音楽や写真、動画を取り込みましょう。

1 パソコンとarrows We2をUSB Type-Cケーブルで接続します。自動で接続設定が行われます。arrows We2に確認画面が表示されたら、[許可] をタップします。パソコンでエクスプローラーを開き、[FCG02]（au版arrows We2の場合）をクリックします。

2 本体メモリーを示す [内部ストレージ] をダブルクリックします。なおmicroSDカードを使用している場合は、「外部SDカード」も表示されます。

3 転送したいデータが保存されているパソコンのフォルダを開き、ドラッグ&ドロップで目的のファイルやフォルダをコピーします。

4 フォルダやファイルが転送されました。ここでは、音楽ファイルを保存した「音楽」フォルダをコピーしましたが、写真や動画ファイルも同じ方法で転送できます。

Section 062

YT Musicを利用する

「YT Music」アプリを利用すると、YouTubeが保有する8,000万曲以上の中から、好きな曲を再生できます。有料のYouTube Music Premium（月額1,080円、最初の1か月無料）に加入すると、広告なし、音声のみの音楽再生、オフライン再生などの特典が利用できます。

1 「Google」フォルダを開き、「YT Music」アプリを起動します。最初に表示される案内で［無料トライアルを開始］をタップします。

2 YouTube Music Premiumに加入しない場合は、×をタップします。加入する場合は支払い方法を選んで、指示にしたがって登録します。

3 広告の画面が表示された場合に対応すると、YT Musicの画面が表示されます。

MEMO 定期購入を止める

手順2でクレジットカードなどを選択すると、定期購入が設定され、支払いが自動的に更新されます。解約するには、「Playストア」アプリを起動し、右上のアカウントアイコン→［お支払いと定期購入］→［定期購入］→［YouTube Music］→［定期購入を解約］の順にタップし、理由を選択して［次へ］→［定期購入を解約］の順にタップします。

Section 063

「YT Music」アプリ

YT Musicで曲を探す

「YT Music」アプリの検索欄で、アーティスト名や曲名、アルバム名などで検索すると、かんたんに曲を見つけることができます。検索した曲は、タップするだけですぐに再生することができます。

1 「YT Music」アプリで、画面上部の🔍をタップします。トップ画面で好きなカテゴリをタップして探すこともできます。

2 アーティスト名や曲名などを入力し、🔍をタップします。表示される候補をタップして検索することもできます。

3 画面を上下にスワイプして曲やアルバムなどを探し、聴きたい曲をタップします。

4 曲が再生されます。再生を停止するには、IIをタップします。

Section 064

「YT Music」ア

曲をオフラインで聴く

「YT Music」アプリでは、気に入った曲をダウンロードして、オフラインで再生できます。オフラインの曲は、インターネットに接続していないときでも再生が可能です。なお、Googleアカウントからログアウトすると、ダウンロードした曲は「YT Music」アプリから削除されます。

1 P.101手順4の画面で、曲やアルバムの︙をタップします。

2 [オフラインに一時保存] をタップすると、曲がダウンロードされて保存されます。

3 [ライブラリ] → [オフライン] の順でタップします。

4 上部にあるタブのうち [曲] をタップし、曲名をタップすると、曲が再生されます。

Section **065**

「YouTube」アプリ

YouTubeで動画を視聴する

「YouTube」アプリでは、世界中の人がYouTubeに投稿した動画を視聴したり、動画にコメントを付けたりできます。ここでは、キーワードで動画を検索して視聴する方法を紹介します。

1 「YouTube」アプリを起動して、🔍をタップします。

2 検索欄にキーワードを入力し、🔍をタップします。

3 検索結果が一覧で表示されます。動画を選んでタップすると、再生されます。

TIPS 視聴中にほかの動画を探す

動画再生画面を下方向にスワイプすることで、動画を視聴しながらほかの動画を探すことができます。

103

Section 066

YouTubeで気になる動画を保存する

「YouTube」ア

「面白そうな動画があるけれど、視聴する時間がない」「同じテーマの動画をまとめて視聴したい」という場合は、YouTubeの「後で見る」機能が役に立ちます。この機能を利用すると、動画を登録して後で視聴できます。

1 「YouTube」アプリのホーム画面で、気になる動画の：をタップします。

2 [[後で見る]に保存] をタップします。これで、「後で見る」リストに登録されます。

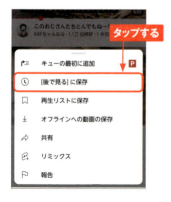

3 「後で見る」リストを確認するには、画面右下の[マイページ]をタップし、[後で見る]をタップします。

4 「後で見る」に登録した動画を確認できます。複数の動画が登録されている場合、[並べ替え]をタップして並べ替えることで、好きな順番で再生できます。

Googleのアプリや arrows We2の独自機能の便利技

Chapter

4

Section 067

アプリを検索する

「Playストア」ア

Google Playに公開されているアプリをインストールすることで、さまざまな機能を利用できます。Google Playは「Playストア」アプリから利用します。まずは、目的のアプリを探す方法を紹介します。

1 ホーム画面またはアプリ画面で[Playストア]をタップします。利用規約が表示されたら、[同意する]をタップします。

2 「Playストア」アプリが起動するので、[アプリ]をタップし、[カテゴリ]をタップします。

3 アプリのカテゴリが表示されます。画面を上下にスワイプします。

4 見たいジャンル(ここでは[ツール])をタップします。

5 「ツール」に属するアプリが表示されます。人気ランキングの→をタップします。

6 「無料」の人気ランキングが一覧で表示されます。詳細を確認したいアプリをタップします。

7 アプリの詳細な情報が表示されます。人気のアプリでは、ユーザーレビューも読めます。

MEMO キーワードで検索する

Google Playでは、キーワードからアプリを検索できます。画面下部にある[検索]をタップして、表示された画面の検索欄をタップし、キーワードを入力して、キーボードの🔍をタップします。

Section 068

アプリをインストール/アンインストールする

「Playストア」ア

Google Playで目的の無料アプリを見つけたら、インストールしてみましょう。なお、不要になったアプリは、Google Playからアンインストール（削除）できます。

アプリをインストールする

1 Google Playでアプリの詳細画面を表示し（P.107手順 6 ～ 7 参照）、[インストール] をタップします。

2 アプリのダウンロードとインストールが開始されます。

3 アプリのインストールが完了します。アプリを起動するには、[開く]（または [プレイ]）をタップするか、ホーム画面に追加されたアイコンをタップします。

MEMO 「アカウント設定の完了」が表示されたら

手順 1 で [インストール] をタップしたあとに、「アカウント設定の完了」画面が表示される場合があります。その場合は、[次へ] → [スキップ] の順にタップすると、アプリのインストールを続けることができます。

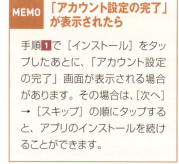

アプリを更新／アンインストールする

●アプリを更新する

1 Google Playのトップページでアカウントアイコンをタップし、表示されるメニューの［アプリとデバイスの管理］をタップします。

2 更新可能なアプリがある場合、「アップデート利用可能」と表示され、［すべて更新］をタップすると、アプリが一括で更新されます。［詳細を表示］をタップすると、更新可能なアプリの一覧が表示されます。

●アプリをアンインストールする

1 左の手順2の画面で［管理］をタップすると、インストールされているアプリ一覧が表示されます。アンインストールしたいアプリをタップします。

2 アプリの詳細が表示されます。［アンインストール］をタップし、確認画面で［アンインストール］をタップすると、アプリはアンインストールされます。

MEMO　アプリの自動更新の停止

初期設定ではWi-Fi接続時にアプリが自動更新されるようになっていますが、自動更新しないように設定することもできます。上記左側の手順1の画面で［設定］→［ネットワーク設定］→［アプリの自動更新］の順にタップし、［アプリを自動更新しない］をタップします。

Section 069

有料アプリを購入する

「Playストア」ア

有料アプリを購入する場合、キャリアの決済サービスやクレジットカードなどの支払い方法を選べます。ここではクレジットカードを登録する方法を紹介します。

1 有料アプリの詳細画面を表示し、アプリの価格が表示されたボタンをタップします。

2 支払い方法の選択画面が表示されます。ここでは［カードを追加］をタップします。

3 カード番号や有効期限などを入力します。

MEMO Google Playギフトカードとは

コンビニなどで販売されている「Google Playギフトカード」を利用すると、プリペイド方式でアプリを購入できます。クレジットカードを登録したくないときに使うと便利です。利用するには、手順 **2** で［コードの利用］をタップするか、事前にP.109左側の手順 **1** の画面で［お支払いと定期購入］→［コードを利用］をタップし、カードに記載されているコードを入力して、［コードを利用］をタップします。

4 名前などを入力し、[保存]をタップします。

❶入力する　❷タップする

5 [1クリックで購入]をタップします。

タップする

6 Google Play Passの定期購入についてや、購入の際の認証についての確認が表示された場合は、[スキップ]をタップします。

タップする

MEMO 購入したアプリの払い戻し

有料アプリは、購入してから2時間以内であれば、Google Playから返品して全額払い戻しを受けることができます。P.109右側の手順 1 ～ 2 を参考に購入したアプリの詳細画面を表示し、[払い戻し]をタップして、次の画面で[払い戻しをリクエスト]をタップします。なお、払い戻しできるのは、1つのアプリにつき1回だけです。

タップする

Section 070

Googleアシスタントを利用する

arrows We2では、Googleの音声アシスタントサービス「Googleアシスタント」を利用できます。ホームボタンをロングタッチするだけで起動でき、音声によるさまざまな操作ができます。

Googleアシスタントの利用を開始する

1 ○をロングタッチします。Googleアシスタントの説明が表示された場合は、画面の指示に従って進みます。

2 Googleアシスタントが起動します。マイクに向かって、ここでは「今日の天気は?」と発生します。

3 周辺地域の今日の天気が表示されます。

MEMO 音声でGoogleアシスタントを起動する

「Hey Google」と発声して、Googleアシスタントを起動できます。「Google」アプリを起動して、右上のアカウントアイコン→[設定]→[Googleアシスタント]→[「OK Google」とVoice Match]の順にタップし、[Hey Google]をタップして、画面の指示に従って設定します。

Googleアシスタントへの問いかけ例

Googleアシスタントを利用すると、arrows We2に話しかけるだけで、語句の検索、アプリの起動、予定やリマインダーの設定、電話やメッセージ（SMS）の発信など、さまざまなことができます。まずは、「何ができる?」と聞いてみましょう。

タップして話しかける

●調べ物

「利根川の流域面積は?」
「矢木沢ダムの貯水量は?」

●スポーツ

「新日本プロレスの試合が見たい」
「プロ野球の試合結果は?」

●経路案内

「成田空港までナビして」
「宇都宮まで電車で行きたい」

●楽しいこと

「パンダの鳴き声を教えて」
「おみくじを引きたい」
「面白いことを言って」

Section **071**

「Google」アプリ

Googleアシスタントでアプリを操作する

Googleアシスタントにアプリ名を発声すると、アプリを起動したり、そのアプリで行う操作の候補が表示されます。また、「ルーティン」を設定すると、「おはよう」と話しかけて、天気予報や今日の予定を確認するなど、ひと言で複数の操作を行うことができます。

1 ホーム画面の「Google」フォルダ内にある[Google]をタップして、「Google」アプリを起動します。右上のアカウントアイコン→[設定]→[Googleアシスタント]の順にタップします。

2 画面を上方向にスワイプして、[ルーティン]をタップします。

3 初めての場合は[始める]をタップし、設定したい掛け声(ここでは[おはよう])をタップします。

4 追加したい操作を選択して[保存]をタップすると、設定が完了します。なお、手順**3**の画面で[新規]をタップすると、新規にルーティンを作成できます。

Section 072

AIアシスタントをGeminiに切り替える

「Google」アプリ

Googleアシスタントの代わりに、現在試験運用中の新しいAIアシスタント「Gemini」を利用できます。Geminiに切り替えると、Googleアシスタントの一部の機能が使えなくなりますが、長い文章の要約やメールの返信の文章作成などの機能を利用できます。

1 「Google」アプリを起動し、右上のアカウントアイコン→［設定］の順にタップします。

2 ［Googleアシスタント］→［Googleのデジタルアシスタント］の順にタップします。

3 ［Gemini］をタップします。確認の画面が表示されたら、［切り替える］をタップします。

4 重要な情報の確認が表示されたら、［Geminiを使用］をタップします。GoogleアシスタントからGeminiに切り替わります。

Section 073

Gmailを利用する

arrows We2にGoogleアカウントを登録すると(Sec.031参照)、Googleのメールサービス「Gmail」が利用できるようになります。Gmailのメールを受信/送信するには「Gmail」アプリを使用します。

受信したメールを閲覧する

1 ホーム画面で「Google」フォルダ→[Gmail]の順にタップします。

2 「Gmail」アプリの「メイン」画面が表示されて、受信したメールの一覧が表示されます。「Gmailの新機能」画面が表示された場合は、[OK]→[GMAILに移動]の順にタップします。読みたいメールをタップします。

3 メールの内容が表示されます。←をタップすると、メイン画面に戻れます。この画面で↰をタップすると、メールに返信できます。

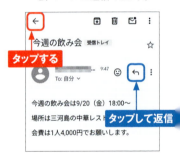

MEMO Googleアカウントの同期

Gmailを使用する前に、Sec.031の方法であらかじめarrows We2に自分のGoogleアカウントを設定しましょう。P.54手順11の画面で「Gmail」をオンにしておくと(標準でオン)、Gmailも自動的に同期されます。すでにGmailを使用している場合は、受信トレイの内容がそのまま表示されます。

メールを送信する

1 P.116を参考に「メイン」などの画面を表示して、[作成]をタップします。

2 メールの「作成」画面が表示されます。[宛先]をタップして、メールアドレスを入力します。「連絡帳」アプリに登録された連絡先なら候補が表示されるので、タップすると入力できます。

3 件名とメールの内容を入力し、▷をタップすると、メールが送信されます。

MEMO メニューの表示

P.116手順2の画面で左上の☰をタップすると、メニューが表示されます。メニューでは、「メイン」以外のカテゴリやラベルを表示したり、送信済みメールを表示したりできます。なお、ラベルの作成や振分け設定は、パソコンのWebブラウザで「https://mail.google.com/」にアクセスして行います。

Section 074

「Gmail」ア

Gmailにアカウントを追加する

「Gmail」アプリでは、arrows We2に登録したGoogleアカウントをそのままメールアカウントとして使用します。このほか、OutlookメールやYahoo!メール、他のプロバイダや会社のメールアカウントも利用できます。

1 「Gmail」アプリを起動して、右上のアカウントアイコンをタップします。

2 [別のアカウントを追加]をタップします。

3 登録するメールアドレスの種類を選択します。ここではプロバイダのメールを登録するので、[その他]をタップします。

4 登録するメールアドレスを入力し、ここでは[手動設定]をタップします。

5 受信サーバーの種類を選択します。ここでは[個人用（POP3）]をタップします。

6 受信サーバーのパスワードを入力し、[次へ]をタップします。

7 受信サーバーのアドレスを入力し、[次へ]をタップします。

8 送信サーバーのアドレスを入力し、[次へ]をタップします。「アカウントオプション」画面が表示されたら、確認して[次へ]をタップします。

9 送信メールに表示させる名前を入力し、[次へ]をタップすると、アカウントの設定は完了です。

10 手順4の画面で登録したメールアドレスをタップすると、使用するメールアドレスが切り替わります。Gmailのアドレスに戻すには、同じ画面でGmailのアドレスをタップします。

Section 075

「マップ」アプリ

マップを利用する

Googleマップを利用すると、自分が今いる場所を地図上に表示したり、周辺のスポットを検索したりできます。なお、Googleマップが利用できる「マップ」アプリは頻繁に更新が行われるので、バージョンによっては本書と表示内容が異なる場合があります。

周辺の地図を表示する

1 ホーム画面で「Google」フォルダを開き、[マップ] をタップすると、初回はこの画面が表示されます。◇をタップします。

2 「マップ」アプリが、位置情報を使用するための確認画面が表示されます。精度と使用環境を選択します。[アプリの使用時のみ] をタップします。

3 現在地周辺の地図が表示されます。画面をピンチアウトします。

4 地図が拡大されます。ピンチインで縮小、ドラッグで表示位置の移動ができます。

周辺のスポットを表示する

1 自分が今いる周辺のスポットを検索するには、「マップ」アプリ上部の[ここで検索]をタップします。

2 「ここで検索」欄に、検索したい施設の種類を入力します。🔍をタップします。

3 周辺の施設が表示されます。より詳しく見たい施設をタップします。

4 より詳しい情報が表示されます。

Section 076

マップで経路を調べる

「マップ」アプリ

「マップ」アプリでは、目的地までの経路を調べることができます。移動手段は徒歩、車、公共交通機関などから選択できます。複数の経路がある場合は、詳細を確認して一番便利な経路を選択しましょう。

1 P.121手順2の画面を表示して、目的地の名前や住所を入力します。

2 をタップします。候補が表示されていれば、候補をタップすることもできます。

3 場所の情報が表示されます。[経路]をタップします。

4 移動手段を選択します。ここでは、公共交通機関をタップします。

5 経路が表示されます。複数の経路が表示された場合は、確認したい経路をタップします。

6 経路の詳細が表示されます。[ナビ開始]をタップします。「ロック中でもクイックルート表示」画面が表示されたら、[オンにする]をタップします。

7 公共交通機関の場合は、上部に案内が表示されます。

8 徒歩や車などの交通手段を選択している場合は、[ナビ開始]をタップすると、3Dマップが表示されます。

Section 077

「マップ」アプリ

訪れた場所や移動した経路を確認する

「マップ」アプリでは、タイムラインをオンにすることにより、訪れた場所や移動した経路が記録されます。日付を指定して詳細な移動履歴が確認できるため、旅行や出張などの記録に重宝します。なお、同じGoogleアカウントを利用すると、パソコンからも同様に移動履歴を確認することができます。

ロケーション履歴をオンにする

1 設定メニューを表示して、[位置情報]をタップします。「位置情報の使用」がオフの場合は、タップしてオンにします。[位置情報サービス]をタップします。

2 [タイムライン]をタップします。

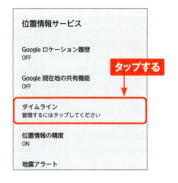

3 タイムラインがオフになっている場合は、「タイムラインがOFF」と表示されます。[タイムラインがOFF]をタップします。

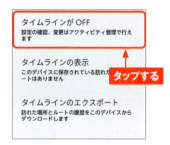

4 [オンにする]→[オンにする]→[OK]の順にタップすると、タイムラインがオンになります。

移動履歴を表示する

1 「マップ」アプリで右上のアカウントアイコンをタップします。

2 [タイムライン]をタップします。初回は説明が表示されるので、[次へ]や[完了]をタップします。

3 [今日]をタップします。

4 履歴を確認したい日付をタップします。

5 訪れた場所と移動した経路が表示されます。

> **MEMO 履歴を削除する**
>
> 訪れた場所の履歴を削除するには、手順5の画面で場所をタップして[削除]をタップします。その日の履歴をすべて削除するには、︙→[1日分をすべて削除]→[削除]の順にタップします。

Section 078

「ドライブ」アプリ

本体のファイルをGoogleドライブに保存する

Googleドライブは、1つのGoogleアカウントで最大15GBまで無料で使えるオンラインストレージサービスです。同じGoogleアカウントでログインすると、スマートフォンだけでなく、パソコンやタブレットからも同じドライブ内のファイルにアクセスできます。

1 「ドライブ」アプリを起動して、[新規]をタップします。

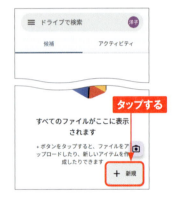

2 ファイルをアップロードするには、[アップロード]をタップします。なお、[フォルダ]をタップすると、新規にフォルダを作成できます。

3 任意のフォルダを開き、アップロードしたいファイルをタップします。

4 [ファイル]をタップすると、アップロードしたファイルを確認できます。

Section 079

Googleドライブにバックアップを取る

設定メニュー

本体ストレージ内のデータを自動的にGoogleドライブにバックアップするように設定することができます。バックアップできるデータは、アプリ自体とアプリのデータ、通話履歴、連絡先、デバイスの設定、写真と動画、SMSのデータです。

1 設定メニューを起動し、[システム]をタップします。

2 [バックアップ]をタップします。

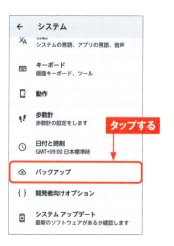

3 [Google Oneバックアップ]は初期状態でオンです。[今すぐバックアップ]をタップします。

4 Googleドライブへのバックアップが実行されます。

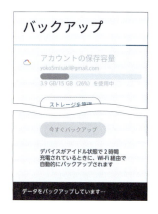

Section 080

ファイルを管理する

「Files」アプリ

「Files」アプリは、WindowsのエクスプローラーやMacのFinderのようにファイルを管理するアプリです。写真や動画など、本体内に保存されたファイルが増えすぎて整理したい場合、「Files」アプリから不要なファイルを削除できます。

1 ホーム画面で「Google」フォルダを開き、[Files]をタップします。初回は「Files」アプリの説明が表示されるので、[続行]をタップします。

2 「Files」アプリが起動して、ファイルのカテゴリごとのボタンが表示されます。ここでは[画像]をタップします。

3 本体内に保存されている画像ファイルのサムネイルが表示されます。■をタップします。

4 ファイル名や容量など、ファイルの詳細が表示されます。不要なファイルをロングタッチします。

5 ファイルが選択されます。この状態でほかのファイルをタップすると、複数のファイルを選択できます。🗑→[○件のファイルをゴミ箱に移動]の順でタップすると、ファイルをゴミ箱へ移動できます。

6 手順2の画面に戻り、左上の≡をタップします。

7 表示されたメニューの[ゴミ箱]をタップします。

8 ゴミ箱内にあるファイルが表示されます。[すべてのアイテム]をタップします。

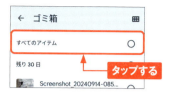

9 [削除]をタップし、確認画面で[削除]をタップすると、ゴミ箱内のすべてのファイルが削除されます。

MEMO 「Files」アプリのその他の機能

手順4の画面で各ファイルの右に表示される︙をタップすると表示されるメニューから、共有、アプリで開く、名前の変更、Googleドライブへのバックアップなど、さまざまな操作ができます。

Section 081

「カレンダー」アプリ

カレンダーで予定を管理する

「Googleカレンダー」アプリを利用すると、カレンダーの画面からスケジュールの登録や確認ができます。重要なスケジュールには、事前に通知を送るように設定することも可能です。

カレンダーの表示形式を切り替える

1 ホーム画面で「Google」フォルダを開き、[カレンダー]をタップします。

2 登録済みのスケジュールが一覧表示されます。左上の≡をタップします。

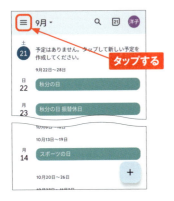

3 カレンダーの表示形式は「日」「3日間」「週」「月」から選択できます。ここでは[月]をタップします。

4 カレンダーの表示形式が「月」に変更されます。

スケジュールを登録する

1 カレンダーの画面を左右にスワイプして、表示する月を切り替えます。スケジュールを登録する日をタップします。

2 スケジュールの登録画面が表示されます。[タイトルを追加] をタップします。

3 スケジュールのタイトルを入力します。[終日] をタップしてオフにすると、開始と終了の時間を設定できます。設定後、[保存] をタップします。

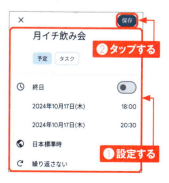

4 P.130手順 2 ～ 3 を参考に、表示形式を「月」に切り替えます。登録したスケジュールをタップします。

5 スケジュールの内容を確認できます。

MEMO 通知と場所を設定する

手順 3 の画面で [通知を追加] をタップすると、スケジュールの開始前に通知をするように設定できます。[場所を追加] をタップすると、場所を設定できます。

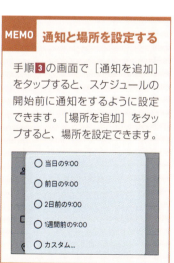

Section 082

Application

La Member'sに会員登録する

La Member'sはarrows We2をはじめとする、FCNT製スマートフォンユーザーのための会員サービスです。各種のサポートやアップデートの情報が届けられるほか、FCNT独自のLa Point（ラ・ポイント）を貯めることができます。会員登録は無料ですが、一部有料サービスがあります。

La Member'sのホーム画面を表示する

1 ホーム画面で[arrowsポータル]をタップします。

2 初回は案内画面が表示されるので、[さっそく見てみる]をタップします。通知の確認画面が表示されたら、[許可]をタップします。

3 メーカー公式アプリの案内が表示されたら、ここでは[あとで登録する]→[閉じる]の順でタップします。

4 La Member'sのホーム画面が表示されます。見出しをタップすると、その情報を確認できます。

La Member'sに会員登録する

1. La Member'sのホーム画面で[新規登録・ログインして楽しむ]をタップします。

2. [電話番号で登録・ログイン]をタップします。

3. 新規登録・ログインなので、この画面では[次へ]をタップします。電話の発信と管理の確認画面が表示されたら、[次へ] → [許可]をタップします。

4. 登録が完了します。[ホームへ]をタップします。

5. ホーム画面に戻ります。画面左上に、暫定的に設定されたニックネームが表示されます。

MEMO プロフィールを編集する

会員登録後、手順5のホーム画面で左上のニックネームをタップすると、ニックネームやユーザー画像ほか、各種プロフィールを設定する画面が表示されます。

Section **083**

Application

La Member'sのサービスを利用する

La Member'sではarrows We2を活用するうえで役立つ情報のほか、本体の診断サポート、トラブルの解決方法、OSやアプリのアップデート情報など、さまざまなサポートが提供されます。

情報を確認する

1 La Member'sのホーム画面で、閲覧したい情報の見出しをタップします。

2 情報の詳細が表示されます。

3 手順1の画面で[カテゴリー]をタップすると、情報のカテゴリー一覧が表示されます。カテゴリーの1つをタップします。

4 そのカテゴリーに分類される情報の見出しが表示されます。見出しをタップして、情報を確認します。

診断サポートを利用する

1 La Member'sのホーム画面で、下部の[サポート]→[診断サポート]の順でタップします。初回は説明が表示されるので、[使って見る]をタップします。

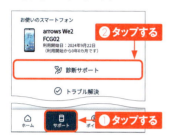

2 診断サポートの画面が表示されます。[診断を開始する]をタップすると、本体の診断が開始します。

3 診断後、症状のカテゴリが表示されます。∨をタップして展開し、当てはまる症状をタップします。

4 「診断サポート」画面で[診断する]をタップします。

5 しばらくすると、診断が完了します。具体的な改善策が表示された場合は、確認して指示に従います。

Section 084

FASTメモを活用する

FASTメモはロック画面からすばやく起動して、テキストや音声で記録したり、カメラで写真を撮影したりできるアプリです。本体のスリープ中に急遽メモをとる必要が生じた場合など、ホーム画面から各種アプリを起動する手間が省けるので便利です。

FASTメモでテキストを入力する

1 ロック画面で🇫を左方向へドラッグします。

2 FASTメモのメニューが表示されたら、そのまま下方向へドラッグします。

3 ロック画面上に「FASTメモ-テキスト」と表示されたのを確認して、タッチパネルから指を離します。

4 テキストの入力画面が表示されます。最大600文字までのテキストを入力して、[保存]をタップします。

FASTメモで音声を録音する

1 P.136手順2の画面で、■を左方向へドラッグします。ロック画面上に「FASTメモ-音声」と表示されたのを確認して、タッチパネルから指を離します。

2 確認画面が表示されたら、[アプリの使用時のみ]をタップします。

3 音声メモの画面が表示されます。■をタップすると、録音を開始します。

4 録音時間は最大1分間です。■をタップすると、録音を終了します。

5 ■タップすると、録音した内容が再生されます。[保存する]をタップします。

FASTメモで写真を撮影する

1 P.136手順2の画面で、🇫を上方向へドラッグします。ロック画面上に「FASTメモ-写真」と表示されたのを確認して、タッチパネルから指を離します。

2 確認画面が表示されたら、[アプリの使用時のみ] をタップします。

3 カメラの画面が表示されます。被写体にアウトカメラを向けて、シャッターボタンをタップします。

4 確認画面が表示されたら、[保存する] をタップします。

FASTメモを確認する

1 アプリ画面で「arrows」フォルダをタップします。

2 「arrows」フォルダ内の[FASTメモ]をタップします。

3 「FASTメモ」アプリが起動し、保存したFASTメモの一覧が表示されます。メモの1つをタップします。

4 手順3で写真メモをタップすると、FASTメモで撮影した写真が表示されます。[共有]をタップすると、Quick ShareやGmailで共有できます。[レンズ]をタップすると、Googleレンズで被写体について調べることができます。

5 手順3でテキストメモをタップすると、FASTメモで入力したテキストが表示されます。キーボードから入力して、加筆や修正もできます。

Section 085

ララしあコネクトで健康管理をする

Application

ララしあコネクトは、歩数・歩速、心拍数、睡眠時間・眠りの深さ、脳力ストレッチング、ユーザーが血圧計で別途測定した血圧・脈拍などのデータをもとに、健康管理をサポートするアプリです。

ララしあコネクトの設定をする

1 アプリ画面で「arrows」フォルダをタップします。

2 「arrows」フォルダ内の[ララしあコネクト]をタップします。

3 最初にユーザーの身体情報を設定します。[生年月日]をタップします。

4 ダイヤルを上下にスライドして生年月日を設定し、[OK]をタップします。

5 手順3の画面で［性別］をタップして、性別を設定します。同様に、「身長」「体重」「地域」の項目も設定します。

6 身体情報の設定が完了したら、［始める］をタップします。

7 通知の送信や身体活動データへのアクセスについての確認画面が表示されたら、［許可］をタップします。

8 「ララしあコネクト」アプリのメイン画面が表示されます。

■ ララしあコネクトのメイン画面の見かた

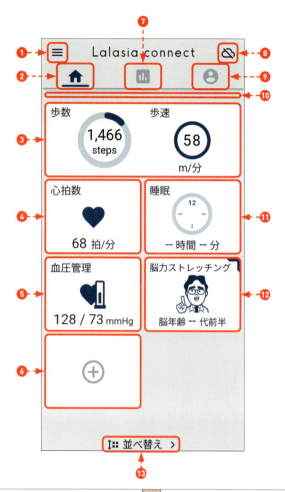

❶	各種設定やヘルプなどの表示	❽	測定データをクラウドに同期
❷	測定／入力メニューを表示	❾	プロフィールの表示
❸	歩数、距離、消費カロリーなどの表示	❿	メッセージや健康管理のヒントがある場合はここへ表示する
❹	心拍数の測定・表示		
❺	ユーザーが測定した血圧・脈拍の記録	⓫	睡眠時間や眠りの深さを測定・表示
❻	Google Fit との連携	⓬	脳年齢、脳力指標を測定・表示
❼	同年代／同地域でのランキング	⓭	項目の並べ替え

さらに使いこなす活用技

Chapter
5

Section **086**

おサイフケータイを設定する

arrows We2はおサイフケータイ機能を搭載しています。電子マネーの楽天Edy、WAON、QUICPayや、モバイルSuica、各種ポイントサービス、クーポンサービスに対応しています。

1 アプリ画面で「ツール」フォルダを開き、[おサイフケータイ]をタップします。

2 初回起動時はアプリの案内が表示されるので、[次へ]をタップします。続いて、利用規約が表示されるので、「同意する」にチェックを付け、[次へ]をタップします。「初期設定完了」と表示されるので[次へ]をタップします。

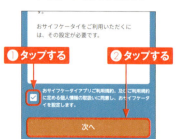

3 Googleアカウントの連携についての画面で[次へ]→[ログインはあとで]の順にタップします。

4 キャンペーンの配信についての画面で[次へ]をタップし、続いて[許可]をタップします。

5 [おすすめ]をタップすると、サービスの一覧が表示されます。ここでは、[楽天Edy]をタップします。

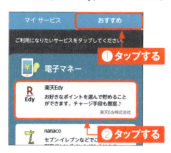

6 サービスの詳細が表示されるので、[サイトへ接続]をタップします。

7 「アプリを開く」画面が表示されたら、[GooglePlayストア]→[常時]または[1回のみ]の順でタップします。「楽天Edy」アプリの画面が表示されたら、[インストール]をタップします。

8 インストールが完了したら、[開く]をタップします。

9 「楽天Edy」アプリの初期設定画面が表示されます。画面の指示に従って初期設定を行います。

Section 087

アラームをセットする

「時計」アプリ

arrows We2の「時計」アプリでは、設定した時間に音を鳴らすアラーム機能を利用できます。また、ストップウォッチやタイマーとしての機能も備えています。

1 アプリ画面で「ツール」フォルダを開き、[時計]をタップします。

2 「時計」アプリの画面で[アラーム]をタップして、⊕をタップします。

3 ダイヤルをタップまたはドラッグして、アラームの時間を設定できます。ここでは⌨をタップします。

4 キーボードからの入力で、アラームの時間を設定します。[OK]をタップします。

5 アラームの詳細画面が表示されます。[アラームの設定]をタップします。

6 カレンダー上をスワイプして月を切り替え、アラームを鳴らす日をタップして選択します。[OK]をタップします。

7 手順**5**の画面に戻ります。 をタップすると、詳細画面が閉じて手順**2**の画面に戻ります。

MEMO アラームを解除する

本体の使用中にアラームが鳴ると、ポップアップが表示されます。[ストップ]をタップすると、アラームは止まります。スリープ中の場合は下の画面が表示されるので、 を右方向へドラッグするとアラームは止まります。
アラームの設定を削除するには、手順**2**の画面で をタップして、手順**5**の詳細画面で[削除]をタップします。

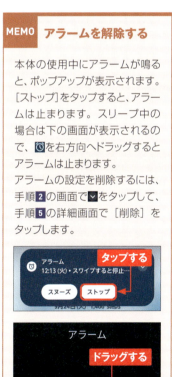

Section 088

画面をキャプチャする

設定メニュー

表示している画面をキャプチャして、画像として保存します。キャプチャした画像は、arrows We2の［DCIM］－［Screenshots］フォルダに保存され、「フォト」アプリなどで閲覧や編集ができます。なお、暗証番号や指紋・顔での認証の画面はキャプチャできません。

画面をキャプチャする

1 キャプチャしたい画面で、音量小キーと電源キーを同時に押します。

2 画面の下部にサムネイルとアイコンがしばらく表示されて、画面がキャプチャされます。サムネイルをタップして、アプリを選択すると、キャプチャした画像を編集できます（P.149参照）。

MEMO 別のキャプチャ方法

アプリの使用中に画面右下の ■ をタップして、アプリのサムネイルの画面（Sec.011参照）でアプリアイコンをタップすると表示されるメニューの［スクリーンショット］をタップすることでも、画面をキャプチャできます。

キャプチャした画像をトリミングする

1 画面キャプチャをすると下部に表示されるメニューから、[キャプチャ範囲を拡大]をタップします。

2 キャプチャした画像の4辺にトリミング用のハンドルが表示されます。各ハンドルを上下左右方向にドラッグして、トリミングする範囲を指定します。

3 [保存]をタップすると画面がキャプチャされて、画像として保存されます。

4 「フォト」アプリを起動して[Screenshots]タブをタップすると、キャプチャした画像を確認できます。

Section 089

設定メニュー

指をスライドしてアプリを起動する

画面の端にあるスライドスポットから指をスライドすることで、スライドインランチャーを表示できます。ここでは、スライドインランチャーからアプリを起動する方法を解説します。

スライドインランチャーを利用する

1 ホーム画面またはアプリの画面で右上の部分に指を当てて、下方向→左方向になぞります。

2 スライドインランチャーが表示されます。起動したいアプリのアイコンをタップします。

3 タップしたアプリ(ここでは「Chrome」)が起動します。

MEMO スライドインランチャーについて

初期状態では、スライドインランチャーは画面右側からの操作で表示します。P.151手順2の画面で[スライドスポット(左)]をタップすると、画面左側からの操作でも表示するように設定できます。スライドインランチャーは4つあり、左右で異なるスライドインランチャーを呼び出す設定もできます。

スライドインランチャーにアプリを登録する

1. P.150手順 1～2 を参考にスライドインランチャーを表示して、⚙ をタップします。

2. 設定メニューの「スライドイン機能」画面が表示されます。[ランチャー設定]をタップします。

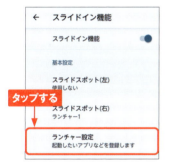

3. 「ランチャー設定」画面で[ランチャー1]をタップします。

4. 「ランチャー1」が表示されます。⊕をタップします。

5. アプリの一覧が表示されます。スライドインランチャーに登録したいアプリをタップします。

6. アプリのアイコンが登録されます。なお、手順 4 で登録済みのアプリのアイコンをタップすると、手順 5 でタップしたアプリと入れ替えができます。

Section 090

ロック画面をカスタマイズする

設定メニュー

ロック画面に表示する情報やショートカット（アプリのアイコン）は変更できます。通知を他人に見られたくない場合にロック画面に表示しないようにしたり、ロック画面からアプリを起動したりできるので便利です。

ロック画面に表示する情報を設定する

1 設定メニューで［ディスプレイ］→［ロック画面］の順にタップします。

2 ［プライバシー］をタップします。

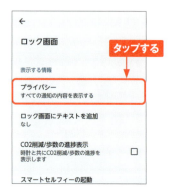

3 ［通知を一切表示しない］をタップしてオンにすると、ロック画面に通知が表示されなくなります。

4 手順2の画面で［ロック画面にテキストを追加］をタップすると、ロック画面の下部に表示するテキストを設定できます。

152

ロック画面にショートカットアイコンを表示する

1 P.152手順2の画面で[ショートカット]をタップします。

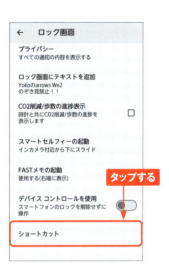

2 [左ショートカット]をタップして、ロック画面の左下に表示するショートカットをタップして選択します。

3 [右ショートカット]をタップして、ロック画面の右下に表示するショートカットをタップして選択します。

4 ロック画面でアイコンをロングタッチすると、アプリを起動したり、機能を有効にしたりできます。

Section 091

ディスプレイの設定をカスタマイズする

設定メニュー

arrows We2のディスプレイには、さまざまな設定が用意されています。それらのうち、設定しておくと特に便利なものをいくつか紹介します。

1 設定メニューで[ディスプレイ]をタップし、[画面消灯]をタップします。

2 何も操作をしない場合に画面を消灯するまでの時間を、0秒〜30分の間で7段階に設定できます。

3 手順1の画面で[ブルーライトカットモード]→[ブルーライトカットモードを使用]の順にタップしてオンにすると、画面からのブルーライトを低減するモードになります。

4 手順1の画面で[画面の自動回転]をタップしてオンにすると、対応するアプリの使用中に本体を横向きにした場合、画面が自動的に横向き表示になります。

Section 092

画面ロックに暗証番号を設定する

設定メニュー

画面ロック解除の操作方法は、標準ではスワイプですが、パターン、PIN(暗証番号)、パスワードのいずれかと、生体認証(Sec.093～095参照)を設定できます。同時に、ロック画面に通知をどのように表示するかも設定しておきましょう。

1 設定メニューで[セキュリティーとプライバシー]→[デバイスのロック解除]→[セキュリティ解除方法]の順にタップします。

2 [暗証番号]をタップします。なお、[パターン]をタップするとパターンによるロック、[パスワード]をタップするとパスワードによるロックを設定できます。

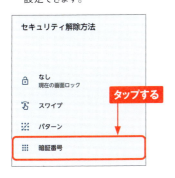

3 4桁以上の暗証番号を入力し、[次へ]をタップします。次の画面で同じ暗証番号を入力し、[OK]をタップします。

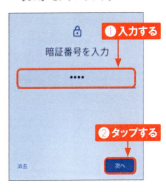

4 ロック画面での通知の表示方法をタップして選択し、[完了]をタップします。

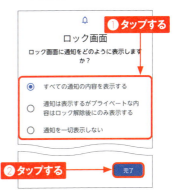

Section 093

画面ロックに指紋認証を設定する

設定メニュー

arrows We2に指紋認証を設定すると、指で指紋センサーに触れるだけで本体のロックを解除できます。指紋認証はほかの認証方法と併用する必要があります。ここでは、あらかじめ暗証番号（Sec.092参照）を設定した状態で操作します。

1 設定メニューで、[セキュリティとプライバシー] → [デバイスのロック解除] の順でタップします。

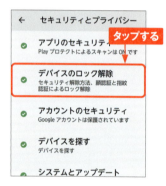

2 [顔認証と指紋認証によるロック解除] をタップします。暗証番号を設定している場合は、次の画面で暗証番号を入力して [次へ] をタップします。

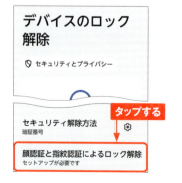

3 [指紋認証/FASTフィンガーランチャー] をタップします。

4 指紋を登録する指を決めて、タップします。

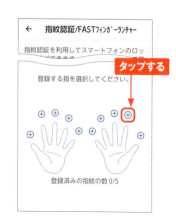

156

5 説明画面を上方向にスライドし、[同意する]をタップします。

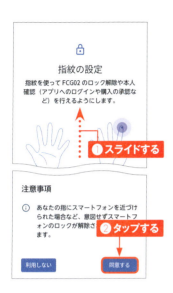

6 指紋を登録する指で、本体の指紋センサーに軽く触れます。指の汚れや濡れは、あらかじめ拭き取っておきましょう。

7 同じ指で、指紋センサーに触れる→離すを繰り返します。インジケーターが伸びて、円形になると登録完了です。

8 [完了]をタップすると、手順**4**の画面に戻ります。ロック画面の表示中、指紋を登録した指で指紋センサーに触れると、ロックが解除されます。

Section 094

指紋認証でアプリを起動する

設定メニュー

FASTフィンガーランチャーの設定をすると、指紋認証でロック画面を解除すると同時に、登録したアプリを起動できます。使用頻度が高いアプリを登録しておくと便利です。

1 P.156手順4の画面を表示します。指紋認証の登録をした指をタップします。

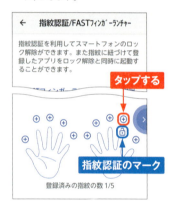

2 「モード設定」画面では、ここでは[ダイレクトモード]をタップします。

3 [タップしてアプリを登録]をタップします。

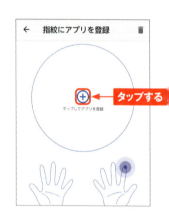

4 ロック画面の解除後に起動するアプリ（ここでは[Gmail]）をタップして選択します。

5 手順3の画面に戻ります。アプリのアイコンが登録されたことを確認して、[完了]をタップします。

6 手順1の画面に戻ります。指紋認証を登録した指に、アプリのアイコンが登録されたことを確認します。

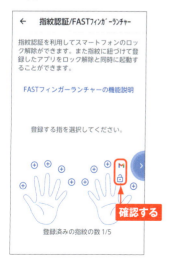

7 スリープ状態で、登録した指で指紋センサーに触れます。

8 ロック画面が解除されると同時に、手順4で登録したアプリが起動します。

MEMO ランチャーモードの動作

手順2で[ランチャーモード]をタップした場合、手順3～4ではランチャーに4つのアプリを登録します。指紋認証でロック画面を解除すると、ランチャーが表示されます。

Section 095

画面ロックに顔認証を設定する

設定メニュー

顔認証の設定をすると、インカメラでユーザーの顔を認識することによって、ロック画面を解除できます。指紋や暗証番号での認証ができない場合に便利ですが、セキュリティの精度はこれらの認証方法より低下します。

1 P.156手順2の画面で[顔認証と指紋認証によるロック解除]をタップします。次の画面で暗証番号を入力して、[次へ]をタップします。

2 [顔認証]をタップします。

3 「顔認証でロックを解除」画面で説明を確認し、[もっと見る]をタップします。

4 説明の確認後、[開始]をタップします。

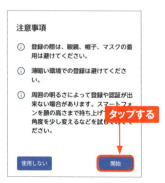

5 タッチパネルに顔を向けて、●が並んだ円の中心に顔が入るように位置を調整します。

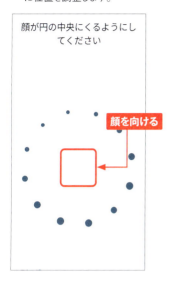

6 「登録が完了しました。」と表示されたら、[完了] をタップします。

7 スリープ状態を解除して、ロック画面に顔を向けます。

8 ユーザーの顔を認識すると、ホーム画面が表示されます。

Section 096

アプリごとに言語を設定する

設定メニュー

アプリの言語設定は、標準ではシステムのデフォルト（日本では通常日本語）と同じ言語が設定されています。この設定を変更することで、メニューの表示言語や、翻訳の元言語を変更できます。

1 設定メニューを起動して、[システム] → [言語] の順にタップします。

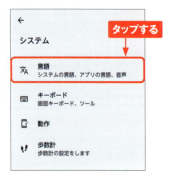

2 [アプリの言語] をタップします。

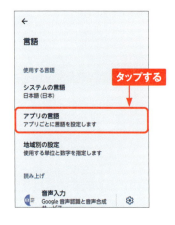

3 ここでは、「Chrome」アプリの言語を変更します。[Chrome] をタップします。

4 設定したい言語をタップし、言語によっては地域を選択すると、アプリの言語が変更されます。なお、言語を変更した場合、フォントのダウンロードなどが必要になる場合があります。

Section 097

アプリの通知や権限を理解する

設定メニュー

アプリを起動したり、インストールしたりする際、通知やアプリが使用する機能の権限についての確認画面が表示されます。通常はすべて「許可」で大丈夫ですが、これら確認画面について理解しておきましょう。

従来のAndroidスマートフォンでは、アプリを最初に起動する際に、そのアプリが特定の機能を使用したり、別のアプリにアクセスしたりすることについて、許可の確認画面が表示されました。たとえば「カレンダー」アプリを最初に起動する際は、「位置情報」の機能や「連絡先」アプリなどにアクセスする許可の確認画面が表示されます。これらはアプリの「権限」と呼ばれるもので、通常はすべての権限を許可しても問題ありません。逆に、必要な権限を許可しないと、アプリが正常に動作しない可能性があります。
これに加えて、Android 13以降では、ユーザーが不要な通知に悩まされることを防止するため、アプリの「通知」に関する確認画面も表示されるようになりました。この確認画面は、最初からインストールされているアプリでは初回の起動時に、Google Playからインストールするアプリではインストール時に表示されます。
なお、アプリの権限と通知については、確認画面で「許可」と「許可しない」のどちらを選んだ場合でも、あとから設定を変更できます（Sec.098～099参照）。

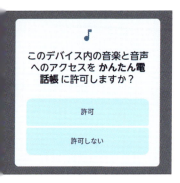

アプリの権限に関する確認画面。どの機能やアプリを利用するのか表示されるので、確認して［許可］もしくは［許可しない］をタップします。

Android 13以降では、通知に関する確認画面も表示されるようになりました。

Section **098**

アプリの通知設定を変更する

設定メニュー

ステータスバーやポップアップで表示されるアプリの通知は、曜日や時間を指定してオフにしたり、アプリごとにオン／オフを切り替えたりできます。

睡眠中の通知をオフにする

1 設定メニューを起動して、［通知］→［サイレントモード］→［スケジュール］の順にタップします。

2 「スケジュール」画面で［睡眠中］をタップします。

3 をタップしてオンに切り替えると、スケジュールがオンになります。［編集］をタップすると、スケジュールの名前を変更できます。［曜日］［開始時間］［終了時間］をタップすると、通知をオフにする曜日や時間帯を設定できます。

通知を細かく設定する

1 設定メニューを起動し、[通知] をタップします。

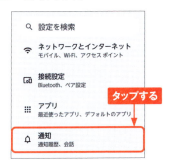

2 [アプリの通知] をタップします。

3 通知を受信しないアプリの ○ をタップします。

4 タップしたアプリの通知がオフになります。より細かく設定したい場合は、アプリ名をタップし、[通知カテゴリ] をタップします。

5 各項目をタップして、詳細な通知の表示方法を設定します。

Section 099

アプリの権限を確認／変更する

設定メニュー

アプリをインストールしたり、最初に起動したりする際、そのアプリがデバイスの機能や情報、別のアプリへアクセスすることに対する許可を求める画面が表示されることがあります。これをアプリの「権限」と呼びます。

アプリの権限の使用状況を確認する

1 設定メニューを起動し、[セキュリティとプライバシー] → [プライバシー] の順でタップします。

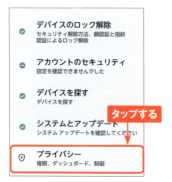

2 [プライバシーダッシュボード] をタップします。

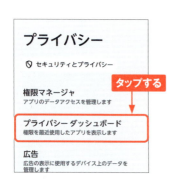

3 権限として使用された機能やアプリが表示されます。確認したい機能をタップします。

4 24時間以内の使用状況を確認することができます。

アプリの権限を確認／変更する

1 P.166手順2の画面で、[権限マネージャ]をタップします。

2 権限として使用される機能やアプリが表示されます。どのアプリがどんな権限になっているか、確認したい機能をタップします。

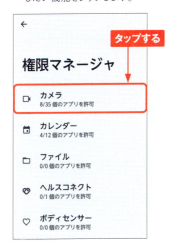

3 「常に許可」「使用中のみ許可」などの欄に、アプリが表示されます。権限を変更したい場合は、アプリ名をタップします。

4 各項目をタップして、必要に応じて権限を変更します。

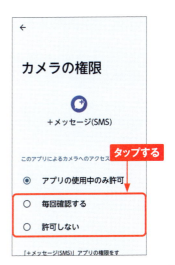

Section 100

画面の明るさを変更する

設定メニュー

ディスプレイの明るさは手動で調整できます。使用する場所の明るさに合わせて変更しておくと、目が疲れにくくなります。暗い場所や、直射日光が当たる場所などで調整すると便利です。

1 ステータスバーを下方向にスライドして、通知パネルを表示します。

2 スライダーを左右にドラッグして、画面の明るさを調節します。

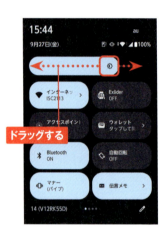

MEMO 明るさの自動調整のオン／オフ

設定メニューを起動して［ディスプレイ］をタップし、「明るさの自動調整」の ●をタップしてオフにすると、画面の明るさは自動で調整されなくなります。この場合、周囲の明るさに関係なく、画面の明るさは一定になります。

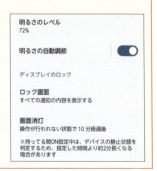

Section 101

ホーム画面をシンプルにする

設定メニュー

arrows We2のホーム画面は、通常の「arrowsホーム」と「シンプルホーム」の2種類が用意されています。シンプルホームはアイコンや文字が大きく表示されて、見やすくなります。また、アイコンはマス目状の定位置に表示されます。

シンプルホームに切り替える

1 設定メニューを起動して、[ホーム画面設定]→[ホーム画面切替]の順にタップします。

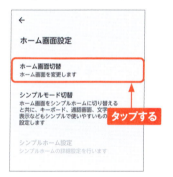

2 [シンプルホーム]をタップします。

3 しばらく待つとシンプルホームに切り替わり、ホーム画面が表示されます。アイコンと文字が大きく、整列して表示されます。

シンプルホームを操作する

1 シンプルホームの操作は、通常のarrowsホームとほとんど同じです。アプリを起動するには、アイコンをタップします。

2 ホーム画面を左方向へスワイプすると、1つ右のホーム画面に切り替わります。 をタップすると、「連絡先」アプリに登録済みの電話番号を登録して、電話やメール、SMSのメッセージをすぐに利用できるようになります。

3 アイコンをロングタッチして、メニューの［ホーム配置をやめる］をタップすると、アイコンを削除できます。なお、［アプリ追加］をタップすると、アプリ画面からアプリのアイコンを配置できます。

4 アプリ画面のアイコンも大きく表示されます。

5 もとのarrowsホームに戻すには、設定メニューを起動してP.169手順2の画面を表示し、［arrowsホーム］をタップします。

Section 102

電源キーで画面スクロール、拡大/縮小する

設定メニュー

arrows We2の「Exlider」機能を有効にすると、電源キー上をスライドすることで画面を上下にスクロールしたり、電源キーをダブルタップすることで画面の表示を拡大/縮小したりできます。この機能は対応するアプリでのみ有効です。

Exliderを有効にする

1 設定メニューを起動して、[arrowsオススメ機能] をタップします。

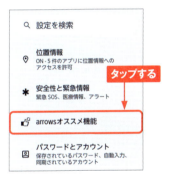

2 「Exlider」の [設定する] をタップします。

3 「Exliderについて」の [Exliderによる操作] をタップして、オンにします。

4 確認画面で [許可] をタップすると、Exliderが有効になります。

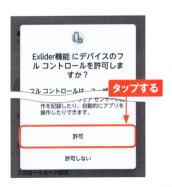

Exliderで画面を操作する

1 Exliderを有効にした状態で、電源キーに数秒間触れます（「長押し」ではないので注意）。

2 電源キーの左側にExliderが表示されます。

3 Exliderが表示された状態で電源キーを中央から下方向へスライドすると、画面が下方向へスクロールします。

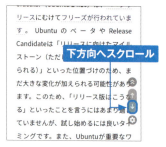

4 Exliderが表示された状態で電源キーを中央から上方向へスライドすると、画面が上方向へスクロールします。

5 Exliderが表示された状態で電源キーをダブルタップすると、画面が拡大表示されます。1回タップすると、もとのサイズの表示に戻ります。

MEMO 拡大／縮小の操作

「フォト」アプリで写真を表示している場合などは、電源キー上をスライドすることで、自由に拡大／縮小ができます。

Section **103**

ユーザー補助機能メニューを表示する

設定メニュー

arrows We2ではユーザー補助機能メニューを利用できます。ユーザー補助機能メニューはホーム画面やアプリの画面に表示されるメニューで、よく使う操作をすぐに呼び出すことができます。

ユーザー補助機能メニューを表示する

1 設定メニューを起動して、[ユーザー補助] → [ユーザー補助機能メニュー] の順でタップします。

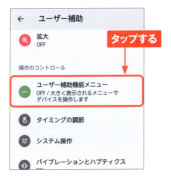

2 「ユーザー補助機能メニューのショートカット」の右にある ● をタップして、オンに切り替えます。

3 確認画面で [許可] をタップします。

4 ユーザー補助機能ボタンの説明で [OK] をタップします。

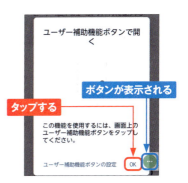

ユーザー補助機能メニューを利用する

1 ホーム画面やアプリの画面で、ユーザー補助機能ボタンをタップします。

2 ユーザー補助機能メニューが表示されます。各ボタンをタップすると、それぞれの機能の画面が表示されます。→をタップすると、隣のメニューに切り替えます。

3 メニューの「音量」や「明るさ」のボタンをタップすると、音量と画面の明るさを調節できます。

4 メニューの[電源]をタップすると、電源オプション画面が表示されます。電源を切る、再起動などの操作ができます。

MEMO ボタンの設定

P.173手順4の画面で[ユーザー補助機能ボタンの設定]をタップすると、ユーザー補助機能ボタンを表示する位置やサイズ、透明度などを設定できます。

Section 104

文字を見やすくする

設定メニュー

arrows We2は、設定メニューで文字のサイズや画面のズームの度合いを変更して、見やすくできます。設定メニューで文字サイズを変更すると、「Chrome」アプリで表示したWebページや「電話」アプリの履歴など、他のアプリでも文字サイズが変更されます。

1 設定メニューを起動し、[ディスプレイ]→[表示サイズとテキスト]の順にタップします。

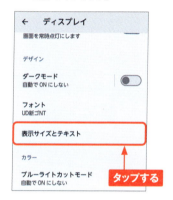

2 「フォントサイズ」のスライダーを左右にドラッグするか、－＋をタップして、文字サイズを変更します。

3 プレビューで文字のサイズを確認できます。

4 手順**2**の画面で「表示サイズ」のスライダーをドラッグすると、アイコンのサイズを変更できます。

175

Section 105

デバイスの診断をする

設定メニュー

arrows We2のデバイスケアの「診断サポート」を利用すると、本体を使用中の困りごとを診断して、解決をサポートしてくれます。ストレージをメモリの代わりに使用する「仮想メモリ」や、空きメモリを確保する「メモリクリーナー」などの機能も利用できます。

1 設定メニューを起動して、[電池とデバイスケア]をタップします。

2 「デバイスケア」の[診断サポート]をタップします。

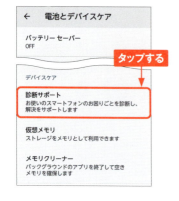

3 [診断を開始する]をタップします。

4 本体の解析が開始するので、完了するまで待ちます。

5 診断が完了すると、問診の画面が表示されます。困りごとのカテゴリの1つをタップします。

6 より具体的な困りごとが表示されます。該当する困りごとをタップします。

7 「診断サポート」の画面が表示されます。[診断する]をタップすると、診断が開始します。

8 診断が完了したら、表示された内容を確認して[診断を終了する]をタップします。

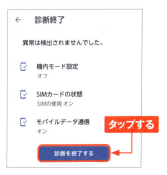

MEMO デバイスケアのその他の機能

手順 2 の画面で[仮想メモリ]をタップすると、ストレージをメモリの代わりに利用する仮想メモリの機能を利用できます。[メモリクリーナー]をタップすると、バックグランドで起動しているアプリを終了して、空きメモリを確保します。

Section **106**

紛失した端末を見つける

設定メニュー

設定メニューで「デバイスを探す」機能をオンにしておくと、arrows We2を紛失した場合でも、ほかのスマートフォンやパソコンから、本体がある場所をリモートで確認できます。この機能を利用するには、あらかじめ「位置情報の使用」をオンにしておきます。

「デバイスを探す」機能をオンにする

1 設定メニューを起動し、[位置情報] をタップします。

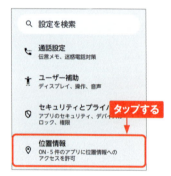

2 [デバイスを探す] をタップします。

3 「デバイスを探すはOFFです」と表示されている場合は、タップしてオンにします。

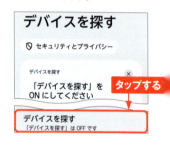

MEMO アプリを入手する

あらかじめ、arrows We2を探す際に使用する端末で、Google Playで「デバイスを探す」アプリを検索してインストールしておきましょう。

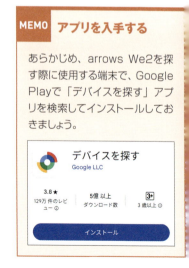

ほかのAndroid端末からarrows We2を探す

1. ほかのAndroidスマホやタブレットを用意して、Wi-Fiに接続している場合は切断します。「デバイスを探す」アプリを起動して、[ゲストとしてログイン]をタップします。

2. arrows We2に設定しているGoogleアカウントのメールアドレスを入力して、[次へ]をタップします。

3. 手順2で入力したGoogleアカウントのパスワードを入力して、[次へ]をタップします。

4. しばらくすると、arrows We2があるおおよその場所が表示されます。画面上をピンチアウト／ピンチインすると、地図を拡大／縮小できます。

> **MEMO** パソコンやiPhoneの場合
>
> パソコンやiPhoneでは「デバイスを探す」アプリが利用できないため、Webブラウザで「https://myaccount.google.com」にアクセスしてarrows We2を探します。

Section **107**

Wi-Fiテザリングを利用する

設定メニュー

Wi-Fiテザリングとは、ほかのスマートフォンやタブレット、ノートパソコン、ゲーム機などをarrows We2経由でインターネットに接続できる機能です。arrows We2の購入時の契約内容によっては、テザリングの利用には申し込みが必要になります。

1 設定メニューを起動して、［ネットワークとインターネット］→［アクセスポイントとテザリング］の順にタップします。

2 ［Wi-Fiアクセスポイント］をタップします。

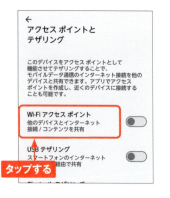

3 ［Wi-Fiアクセスポイントの使用］の⚪︎をタップします。

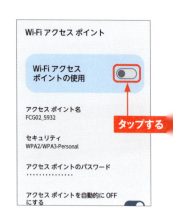

4 オプション加入の説明が表示されたら、［OK］をタップします。

5 テザリングが有効になったら、「アクセスポイント名」を確認して、[アクセスポイントのパスワード]をタップします。

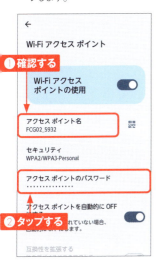

6 アクセスポイントのパスワードを確認し、[OK]をタップします。パスワードは自分で入力して、設定することもできます。

7 ほかの端末のWi-Fi設定画面を開きます。手順**5**で確認した、arrows We2のアクセスポイント名をタップします。

8 手順**6**で確認(または自分で設定)したパスワードを入力して、[接続]をクリックすると、arrows We2経由でインターネットに接続できます。

MEMO Wi-Fiテザリングを終了する

Wi-Fiテザリングの利用が終了したら、手順**3**の画面で をタップして、Wi-Fiテザリング機能をオフにしておきましょう。

Section 108

Bluetooth機器を利用する

設定メニュー

Bluetoothを利用すると、キーボード、スピーカー、イヤホンなどのハンズフリー機器とarrows We2をワイヤレス接続できます。パソコンやほかのスマートフォンと接続して、データ通信することも可能です。

1 接続するBluetooth機器の電源をオンにします。設定メニューを起動し、[接続設定]→[新しいデバイスとペア設定]の順でタップします。この時点でBluetooth機能は有効になります。

2 付近のBluetooth機器名が表示されます。目的の機器名をタップします。

3 キーボードなどを接続する場合は、キーボード側から「Bluetoothペア設定コード」に表示されている数字を入力し、Enterキーを押します。

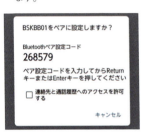

4 Bluetooth機器が接続されます。接続を解除するには、機器名をタップして、表示された画面で[削除]をタップします。

Section 109

緊急情報を登録する

設定メニュー

設定メニューの「安全性と緊急情報」には、病気や事故などの際に必要になる医療に関する情報、緊急時の連絡先などを登録するほか、緊急SOSの発信や災害に関するアラートなどの項目が用意されています。

1 設定メニューを起動して、[安全と緊急情報]をタップします。

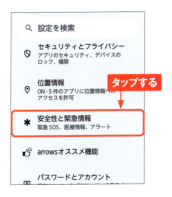

2 ここでは[医療に関する情報]をタップします。

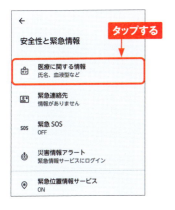

3 名前、誕生日、血液型などの項目をタップして、情報を設定します。[もっと見る]をタップすると、アレルギー、妊娠の有無、服用薬などの情報も設定できます。

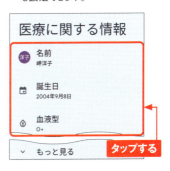

4 手順2の画面で[緊急連絡先]をタップすると、「連絡先」から緊急時の連絡先を設定できます。

Section **110**

緊急情報を確認する

設定メニュー

設定メニューの「安全性と緊急情報」で設定した情報は、ロック画面からの操作で表示できます。暗証番号の入力などロック解除の操作が不要なので、病気や事故などでユーザーが操作できない場合でも、第三者による表示が可能です。

1 ロック画面を上方向へスワイプします。

2 暗証番号の入力画面で［緊急通報］をタップします。

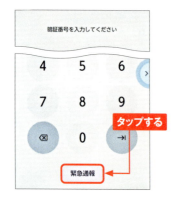

3 「緊急」画面で［緊急情報を表示］をタップします。

4 Sec.109で設定した、医療に関する情報や緊急連絡先などが表示されます。

Section 111

洗い方とメンテナンス方法を確認する

設定メニュー

arrows We2は本体を洗剤で洗ったり、アルコールで消毒したりできます。使用する洗剤や消毒液を間違えたり、誤った手順で洗ったりすると故障や破損の原因になるので、作業の前に正しい方法を確認しましょう。

1 設定メニューを起動して、[arrowsオススメ機能]をタップします。「洗い方とメンテナンス方法」の[詳しく見る]をタップします。

2 Chromeが起動して、「洗い方」の画面が表示されます。画面を上方向にスワイプします。

3 本体の洗い方や水抜きの説明が表示されます。画面を上方向にスワイプすると、詳細な手順や注意事項が標示されます。▶をタップすると、動画で手順を確認できます。

MEMO 充電についての注意

本体が濡れた状態での充電は故障や事故の原因になります。本体の洗浄後に充電する際は、手順 3 の画面に表示される手順で水抜きをして、本体を十分に乾かす必要があります。その際、USB接続端子に水滴が残っていないか注意しましょう。

Section 112

バッテリーの設定をする

設定メニュー

arrows We2には容量4,500mAhのバッテリーが内蔵されています。バッテリーの残量が少なくなったときに消費電力を抑えたり、バッテリーの寿命を延ばす充電をする設定が用意されています。

バッテリーセーバーを使用する

1 設定メニューを起動して、[電池とデバイスケア]をタップします。

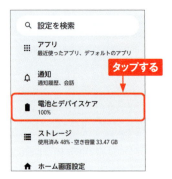

2 「消費電力の低減」の[バッテリーセーバー]をタップします。

3 [スケジュールの設定]をタップします。

4 [残量に応じて自動でON]をタップしてオンにします。スライダーをドラッグして、バッテリーの残量が何%になったらバッテリーセーバーをオンにするかを設定します。

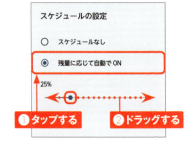

186

バッテリーの寿命を延ばす設定をする

1 P.186手順2の画面で［電池長持ち充電/ダイレクト給電］をタップします。

2 「電池長持ち充電」と「ダイレクト給電」の説明を確認し、必要に応じて ● タップしてオンにします。

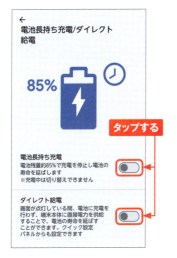

3 P.186手順2の画面で［バッテリーモニター］をタップし、［アドバイスを見る］をタップします。

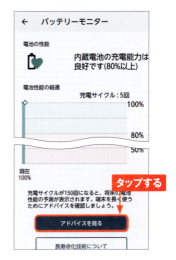

4 バッテリーの寿命を延ばすためのアドバイスが表示されます。説明を確認し、必要に応じて［設定する］をタップして設定を行います。

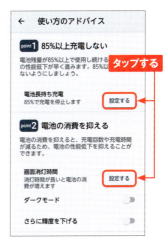

Section 113

リセット・初期化する

設定メニュー

arrows We2の動作が不安定なときは、本体をリセットすると回復する可能性があります。その際、アカウントの情報や自分でインストールしたアプリ、写真や音楽などのファイルはすべて消去されます。

1 設定メニューを起動して、[システム]→[リセットオプション]の順でタップします。

2 [すべてのデータを消去]をタップします。

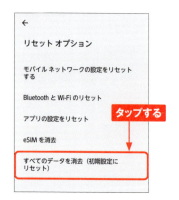

3 説明を確認して、[すべてのデータを消去]をタップします。

4 暗証番号を設定している場合は、暗証番号を入力して[次へ]をタップするとリセットが実行されて、すべてのデータが消去されます。

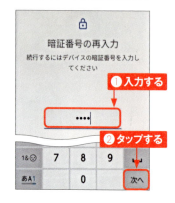

Section 114

本体ソフトウェアを更新する

設定メニュー

セキュリティ向上などの目的で、本体ソフトウェアの更新(アップデート)が配信されることがあります。Wi-Fi接続時であれば、標準で更新は自動的にダウンロードされますが、手動で確認することもできます。

1 設定メニューを起動して、[セキュリティとプライバシー] → [システムとアップデート]の順でタップします。

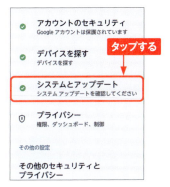

2 [セキュリティアップデート]をタップします。

3 更新が配信されている場合は表示されます。[アップデートを確認]をタップすると、更新の有無を手動で確認できます。

4 更新の適用後、この画面が表示されたら[今すぐ再起動]をタップします。再起動後、手順**2**の画面で[Google Playシステムアップデート]をタップして、こちらもアップデートを確認します。

索引

数字・アルファベット

2段階認証	74
AIシーン認識	86
Bluetooth	182
Chrome	56
Exlider	171
FASTフィンガーランチャー	158
FASTメモ	136
Felicaマーク	10
「Files」アプリ	128
Gboard	41
Gemini	115
Gmail	116, 118
Google Play	106
Googleアカウント	52, 72
Googleアシスタント	112, 114
Google検索	67, 68
Googleドライブ	126, 127
Googleレンズ	70, 71
La Member's	132, 134
Playストア	106
Quick Share	96
QWERTY	36, 39
USB Type-C接続端子	10
Webページ	56
Wi-Fi	50
Wi-Fiテザリング	180
YouTube	103, 104
YT Music	100,101

あ行

明るさ	168
明るさ／近接センサー	10
アクティビティ	73
アップデート	189
アプリアイコン	14, 30
アプリのアンインストール	109
アプリのインストール	108
アプリの起動	17
アプリの切り替え	18
アプリの権限	163, 166

アプリの検索	106
アプリの更新	109
アプリの購入	110
アプリの終了	19
アプリの通知	163, 164
アラーム	146
洗い方とメンテナンス方法	185
暗証番号	155
移動履歴	125
インカメラ	10
ウィジェット	14, 32
おサイフケータイ	144
オフライン	102
音量	20
音量小キー	10
音量大キー	10

か行

顔認証	160
画像の保存	64
壁紙	34
カメラの設定	83
カメラモード	82
画面キャプチャ	148
画面消灯	154
画面の自動回転	154
カレンダー	130
キーボードの切り替え	37
緊急情報	183, 184
クイック検索ボックス	14
グリッド線	85
グループ	58, 60
経路	122
検索（Webページ内）	63
検索履歴	69
コピー	43

さ行

撮影	78
ジェスチャーナビゲーション	16
自動入力	65

190

指紋センサー	10
指紋認証	156, 158
写真のサイズ	83
写真の編集	91
写真や動画の削除	90
受話口	10
初期化	188
診断サポート	176
シンプルホーム	169
水準器	85
ズーム倍率	81
スケジュール	131
ステータスアイコン	22
ステータスバー	14, 22
スライド	13
スライドインランチャー	150
スリープ	12
スロモ録画	87
スワイプ	13
セカンドマイク	10
送話口	10

た行

ダークモード	33
タッチパネル	10
タップ	13
タブ	58
ダブルタップ	13
着信拒否	47
通知アイコン	22
通知パネル	23
通話履歴	46
ディスプレイ	10
手書き入力	40
デバイスを探す	178
テンキー	36, 38
電源	11, 21
電源キー	10
伝言メモ	48
電話	44
動画の再生	89
動画の編集	94

トグル入力	38
ドック	14
ドラッグ	13

な・は行

ナビゲーションバー	14, 16
パスワードマネージャー	66
バッテリー	186
パネルスイッチ	24
ピンチアウト	13
ピンチイン	13
「フォト」アプリ	88
フォルダ	14
ブックマーク	62
プライバシー診断	76
フリック	13
フリック入力	38
ブルーライトカット	154
分割表示	28
ペースト	43
ポートレートモード	84
ホーム画面	14
ホームボタン	16

ま・や・ら行

マイク	10
マップ	120, 122
マナーモード	26
文字入力	36
戻るボタン	16
ユーザー補助機能メニュー	173
ララしあコネクト	140
リセット	188
履歴ボタン	16
ロケーション履歴	124
露出	83
ロック画面	12, 152
ロングタッチ	13

■ お問い合わせについて

本書に関するご質問については、本書に記載されている内容に関するもののみとさせていただきます。本書の内容と関係のないご質問につきましては、一切お答えできませんので、あらかじめご了承ください。また、電話でのご質問は受け付けておりませんので、必ずFAXか書面にて下記までお送りください。
なお、ご質問の際には、必ず以下の項目を明記していただきますようお願いいたします。

1. お名前
2. 返信先の住所またはFAX番号
3. 書名
   （ゼロからはじめる　arrows We2 スマートガイド
   ［au ／ UQ mobile 対応版］）
4. 本書の該当ページ
5. ご使用のソフトウェアのバージョン
6. ご質問内容

なお、お送りいただいたご質問には、できる限り迅速にお答えできるよう努力いたしておりますが、場合によってはお答えするまでに時間がかかることがあります。また、回答の期日をご指定なさっても、ご希望にお応えできるとは限りません。あらかじめご了承くださいますよう、お願いいたします。ご質問の際に記載いただきました個人情報は、回答後速やかに破棄させていただきます。

■ お問い合わせ先

〒162-0846
東京都新宿区市谷左内町 21-13
株式会社技術評論社　書籍編集部
「ゼロからはじめる　arrows We2 スマートガイド［au ／ UQ mobile 対応版］」質問係
FAX番号：03-3513-6167
URL：https://book.gihyo.jp/116

■ お問い合わせの例

FAX

1. お名前
   技術　太郎
2. 返信先の住所またはFAX番号
   03-XXXX-XXXX
3. 書名
   ゼロからはじめる
   arrows We2 スマートガイド
   ［au ／ UQ mobile 対応版］
4. 本書の該当ページ
   68ページ
5. ご使用のソフトウェアのバージョン
   Android 14
6. ご質問内容
   手順3の画面が表示されない

ゼロからはじめる arrows We2 スマートガイド ［au ／ UQ mobile 対応版］

2024年11月22日　初版　第1刷発行

著者	技術評論社編集部
発行者	片岡　巌
発行所	株式会社 技術評論社
	東京都新宿区市谷左内町 21-13
電話	03-3513-6150　販売促進部
	03-3513-6160　書籍編集部
装丁	菊池　祐（ライラック）
本文デザイン	リンクアップ
DTP	リンクアップ
編集	田村　佳則
製本／印刷	昭和情報プロセス株式会社

定価はカバーに表示してあります。

落丁・乱丁がございましたら、弊社販売促進部までお送りください。交換いたします。

本書の一部または全部を著作権法の定める範囲を超え、無断で複写、複製、転載、テープ化、ファイルに落とすことを禁じます。

©2024 技術評論社

ISBN978-4-297-14510-1 C3055
Printed in Japan